无线网络
优化分析

张博 ◎ 主编

Analysis and Optimization of
Wireless Network

人 民 邮 电 出 版 社
北 京

图书在版编目（ＣＩＰ）数据

无线网络优化分析 / 张博主编. -- 北京 ：人民邮
电出版社，2013.9
ISBN 978-7-115-32792-5

Ⅰ．①无… Ⅱ．①张… Ⅲ．①无线网－最佳化 Ⅳ.
①TN92

中国版本图书馆CIP数据核字(2013)第198192号

内 容 提 要

本书系统地讲述了中国移动集团公司对 TD-SCDMA 网络测试的性能指标、网络测试软件工具的安装
及使用方法、TD-SCDMA 语音业务测试的方法和数据分析方法、TD-SCDMA VP 业务测试的方法和数据
分析方法、TD-SCDMA 数据业务测试的方法和数据分析方法、TD-SCDMA 基站功能验证的测试方法、
LTE 优化思路、LTE 覆盖优化方法、LTE 容量优化方法、LTE 参数优化方法和网络测试优化中典型的案
例测试分析等内容。

本书内容细致实用，每部分内容均结合实际测试软件进行讲解，对测试的关键步骤详细说明，其中案
例分析部分通过分析实际网络中的典型测试，使读者能够将学习到的测试方法直接应用到网络测试与网络
性能分析中，更深入地掌握网络测试的实用技能。

本书的内容详尽、结构合理、实用性强，既可作为移动通信专业人员理论学习用书，也可作为通信行
业中的网络建设、网络测试维护及网络优化的工程技术人员的测试参考手册。

◆ 主　编　张　博
　　责任编辑　韩旭光
　　责任印制　沈　蓉　焦志炜

◆ 人民邮电出版社出版发行　　北京市崇文区夕照寺街 14 号
　　邮编　100061　电子邮件　315@ptpress.com.cn
　　网址　http://www.ptpress.com.cn
　　北京鑫正大印刷有限公司印刷

◆ 开本：787×1092　　1/16
　　印张：10.75　　　　　　　2013 年 9 月第 1 版
　　字数：249 千字　　　　　2013 年 9 月北京第 1 次印刷

定价：35.00 元

读者服务热线：**(010)67132746**　印装质量热线：**(010)67129223**
反盗版热线：**(010)67171154**
广告经营许可证：京崇工商广字第 0021 号

随着移动通信技术的飞速发展以及 3G 网络在国内的普及，移动网络正越来越深刻地影响着人们的日常生活，微信、微博、网游、商务办公等依赖于移动终端的各类应用层出不穷，均是依托于 3G 网络。移动运营商目前不断加大 3G 网络的建设，一方面致力于增加覆盖范围，另一方面重点提高 3G 网络性能，提升用户的使用体验，因此在为广大用户提供 3G 网络服务的同时，移动网络的性能保障也就变得非常重要。基于规模扩大与性能提升的需求，移动网络需要大量的技术人员对网络进行网络性能测试、网络性能评估，以及网络优化等工作。

LTE（Long Term Evolution）是 3G 的演进，它改进并增强了 3G 的空中接入技术，采用 OFDM 和 MIMO 作为其无线网络演进的唯一标准。

LTE 概念的提出意味着目标的确立，为了有一个清晰的技术发展路线，3GPP 制订了明确的时间表。整个标准发展过程分为两个阶段，研究项目阶段和工作项目阶段。研究项目阶段计划在 2006 年年中结束，该阶段将主要完成对目标需求的定义以及明确 LTE 的概念等；工作项目计划在 2006 年年中以前建立，并开始标准的建立。该阶段对未来 LTE 的标准细节的方方面面展开讨论和起草，这个过程同以前 3G 标准在 3GPP 中的制订过程是一样的，这一过程一直持续到了 2007 年年中。整个过程相比 3G 标准的制订节奏明显加快，这也是考虑到市场的需求。随着宽带技术的不断创新，3GPP 也将在最短的时间内推出最新的技术。这给运营业带来了新的机遇，更新、更快的业务可以在不远的将来得以实现，甚至完全可以和有线网络相媲美。

本书从实际工程应用的角度出发，针对 TD-SCDMA、LTE 工作原理、网络测试方法、网络性能调优，并结合典型的测试案例对 TD-SCDMA、LTE 技术规范进行了全方位的深入剖析。全书结合中国移动集团公司对 TD-SCDMA、LTE 网络测试中的规范和要求，对实际网络测试中的各种测试方法和测试技能进行了分解。通过阅读本书能够使读者直接、感性地学习 TD-SCDMA、LTE 网络测试的知识技能，能够在学习实际工程中网络测试要求和规范标准的同时，迅速将理论知识转化为实际操作技能。

限于编者水平，书中难免有疏漏之处，敬请广大读者批评指正，以使本书更趋完美。

编 者

2013 年 6 月

目 录

Contents

第1章 TD-SCDMA 基本原理及关键技术

1.1 TD-SCDMA 基本原理

TD-SCDMA 的中文含义为时分同步码分多址，是由中国第一次提出、在无线传输技术（RTT）的基础上完成并已正式成为被 ITU 接纳的国际移动通信标准。TD-SCDMA 的无线传输方案综合了 FDMA、TDMA 和 CDMA 等多种多址方式。通过综合使用智能天线、联合检测技术，提高了传输容量方面的性能，同时降低了小区间频率复用所产生的干扰，并通过更高的频率复用率来提供更高的话务量。TD-SCDMA 的双工方式采用了 TDD 模式，它在相同的频带内在时域上划分不同的时段（时隙）给上/下行进行双工通信，可以方便地实现上/下行链路间的灵活切换，例如，根据不同的业务对上/下行资源需求的不同来确定上/下行链路间的时隙分配转换点，进而实现高效率地承载所有 3G 对称和非对称业务。与 FDD 模式相比，它可以运行在不成对的射频频谱上，因此在当前复杂的频谱分配情况下具有非常大的优势。因此，TD-SCDMA 通过最佳自适应资源的分配和最佳频谱效率，可支持速率从 8kbit/s 到 2Mbit/s 的语音、视频电话、互联网等各种 3G 业务。

TD-SCDMA 吸纳了 20 世纪 90 年代以来移动通信领域最先进的技术，在一定程度上代表了技术的发展方向，具有前瞻性和强大的后发优势。

1.1.1 TD-SCDMA 发展概述

移动通信发展史如图 1-1 所示。

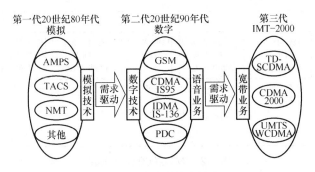

图 1-1 移动通信发展史

第一代移动通信系统的典型代表是美国 AMPS 系统和后来改进型系统 TACS、NMT 和

1

NTT 等。AMPS（先进移动电话系统）使用模拟蜂窝传输的 800MHz 频带，在美洲和部分环太平洋国家广泛使用；TACS（全向入网通信系统）是 20 世纪 80 年代欧洲的模拟移动通信的制式，也是我国 20 世纪 80 年代采用的模拟移动通信制式，使用 900MHz 频带；而北欧也于瑞典开通了 NMT（Nordic 移动电话）系统，德国开通 C-450 系统等。第一代移动通信系统为模拟制式，以 FDMA 频分多址技术为基础。

第二代移动通信系统（2nd Generation，2G）是以传送语音和数据为主的数字通信系统，典型的系统有 GSM（采用 TDMA 方式）、DAMPS、IS-95 CDMA 和日本的 JDC（现在改名为 PDC）等数字移动通信系统。2G 除提供语音通信服务之外，也可提供低速数据服务和短消息服务。

第三代移动通信系统（3rd Generation，3G），国际电联也称 IMT-2000（International Mobile Telecommunications in the year 2000），欧洲的电信业巨头们则称其为 UMTS（通用移动通信系统），包括 WCDMA、TD-SCDMA 和 CDMA2000 三大标准，如图 1-2 所示。它能够将语音通信和多媒体通信相结合，其可能的增值服务将包括图像、音乐、网页浏览、视频会议以及其他一些信息服务。3G 意味着全球适用的标准、新型业务、更大的覆盖面以及更多的频谱资源，以支持更多用户。3G 系统与现有的 2G 系统有根本的不同。3G 系统采用 CDMA 技术和分组交换技术，而不是 2G 系统通常采用的 TDMA 技术和电路交换技术。在电路交换的传输模式下，无论通话双方是否说话，线路在接通期间保持开通，并占用带宽。与现在的 2G 系统相比，3G 将支持更多的用户，实现更高的传输速率。

3G 的无线传输技术（RTT）有以下需求。

（1）信息传输速率，高速运动中为 144kbit/s，步行运动中为 384kbit/s，室内运动中为 2Mbit/s。

（2）根据带宽需求实现的可变比特速率信息传递。

（3）一个连接中可以同时支持具有不同 QoS 要求的业务。

（4）满足不同业务的延时要求（从实时要求的语音业务到尽力而为的数据业务）。

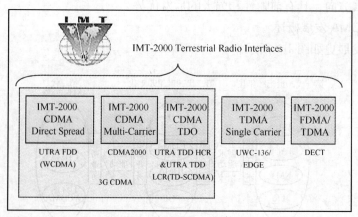

图 1-2　IMT-2000 RTT 标准

1999 年 11 月召开的国际电联芬兰会议确定了第三代移动通信无线接口技术标准，并于 2000 年 5 月举行的 ITU-R 2000 年全会上最终批准通过，此标准包括码分多址（CDMA）

和时分多址（TDMA）两大类 5 种技术。它们分别是 WCDMA、cdma 2000、CDMA TDD、UWC-136 和 EP-DECT。其中，前 3 种基于 CDMA 技术的为目前所公认的主流技术，它又细分为频分双工（FDD）和时分双工（TDD）两种方式。TD-SCDMA 属 CDMA TDD 技术。

WCDMA 最早由欧洲和日本提出，其核心网基于演进的 GSM/GPRS 网络技术，空中接口采用直接序列扩频的宽带 CDMA。目前，这种方式得到欧洲、北美、亚太地区各 GSM 运营商和日本、韩国多数运营商的广泛支持，是第三代移动通信中最具竞争力的技术之一。3GPP WCDMA 技术的标准化工作十分规范，目前全球 3GPP R99 标准的商用化程度最高，全球绝大多数 3G 试验系统和设备研发都基于该技术标准规范。今后 3GPP R99 的发展方向将是基于全 IP 方式的的网络架构，并将演进为 R4、R5 两个阶段的序列标准。2001 年 3 月的第一个 R4 版本初步确定了未来发展的框架，部分功能进一步增强，并启动部分全 IP 演进内容。R5 为全 IP 方式的第一个版本，其核心网的传输、控制和业务分离，IP 化将从核心网（CN）逐步延伸到无线接入网络（RAN）和用户终端设备（UE）。

cdma 2000 最早由北美提出，其核心网采用演进的 IS-95 CDMA 核心网（ANSI-41），能与现有的 IS-95 CDMA 向后兼容。CDMA 技术得到 IS-95 CDMA 运营商的支持，主要分布在北美和亚太地区。其无线单载波 cdma2000 1x 采用与 IS-95 相同的带宽，容量提高了一倍，第一阶段支持 144kbit/s 业务速率，第二阶段支持 614kbit/s，3GPP2 已完成这部分的标准化工作。目前增强型单载波 cdma 2000 1x EV 在技术发展中较受重视，极具商用潜力。

CDMA TDD 包括欧洲的 UTRAN TDD 和我国提出的 TD-SCDMA 技术。在 IMT2000 中，TDD 拥有自己独立的频谱（1 785~1 805MHz），并部分采用了智能天线或上行同步技术，适合高密度低速接入、小范围覆盖、不对称数据传输。2001 年 3 月，3GPP 通过 R4 版本，由我国大唐电信提出的 TD-SCDMA 被接纳为正式标准。我国提出的 TD-SCDMA 标准在技术上有着巨大的优势，这些优势简单说就是，第一，TD-SCDMA 有最高的频谱利用率，因为我国标准是一种时分双工（TDD）的移动通信系统，只用一段频率就可完成通信的收信和发信，而 WCDMA 和 cdma 2000 采用的都是频分双工（FDD）的移动通信系统，需要两段不同的频率才能完成通信的收信和发信；第二，TD-SCDMA 采用了世界领先的智能天线技术，基站天线可以自动追踪用户手机的方向，使通信效率更高，干扰更少，设备成本更低。另一方面，我国政府和运营商给予我国提出的 3G 标准以巨大的支持，同时，大唐集团也采取了广泛的联合策略，他们与西门子公司结成战略联盟，发挥双方各自的技术优势，使这一起步较晚的标准得到了广泛的支持。同时，为了与世界融合，大唐集团也在标准上做出了一定的让步，如修改了一些技术参数等。

1. TD-SCDMA 标准的发展历程

1995 年，以电信科学技术研究院李世鹤博士、陈卫博士、徐广涵博士等为首的科研人员承担了国家九五重大科技攻关项目——基于 SCDMA 的无线本地环路（Wireless Local Loop，WLL）系统研制，项目于 1997 年底通过国家验收。原邮电部批准在此基础上按照 ITU 对第三代移动通信系统的要求形成我国 TD-SCDMA 第三代移动通信系统 RTT(Radio Transmission Technology)标准的初稿，该标准提案在我国原无线通信标准组（Chinese Wireless Telecommunication Standard group，CWTS）最终修改完成后，于 1998 年 6 月底由电信科学技术研究院代表我国向国际电信联盟（International Telecommunication Union，

ITU）正式提交。

ITU 于 1998 年 11 月召开会议通过 TD-SCDMA，成为 ITU 的 10 个公众陆地第三代移动通信系统候选标准之一。其后，在原信息产业部领导下，通过电信科学技术研究院、中国移动、中国联通、中国电信等单位在国际标准会议上的艰苦努力，1999 年 11 月在芬兰赫尔辛基召开的 ITU 会议上，TD-SCDMA 被写入 ITU-R M.1457 中，成为 ITU 认可的第三代移动通信无线传输主流技术之一，并于 1999 年 12 月开始与 UTRN TDD（也称为宽带 TDD或者 HCR，High Chip Rate）在 3GPP 融合，最终于 2000 年 5 月在伊斯坦布尔召开的世界无线电管理大会（World Administrative Radio Conference，WARC）上，TD-SCDMA 正式被接纳为国际第三代移动通信标准。

在我国的标准化组织——中国通信标准协会（CCSA）的第五技术委员会（TC5）中，已制订了 TD-SCDMA 的一整套行业标准，包括系统体系架构、空中接口和网元接口的详细技术规范。2006 年 1 月 20 日，原信息产业部正式颁布 TD-SCDMA 为我国的行业标准。

2. TD-SCDMA 频谱划分

中国 3G 频谱分配如图 1-3 所示。

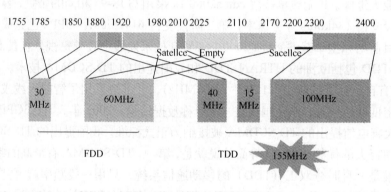

图 1-3　中国 3G 频谱分配

原信息产业部于 2002 年 10 月下发文件《关于第三代公众移动通信系统频率规划问题的通知》（信部无[2002]479 号）中规定：主要工作频段（FDD 方式：1 920~1 980MHz/2 110~2 170MHz；TDD 方式：1 880~1 920MHz、2 010~2 025MHz），补充工作频段（FDD方式：1 755~1 785MHz/1 850~1 880MHz；TDD 方式：2 300~2 400MHz，与无线电定位业务共用）。从中可以看到 TDD 得到了 155MHz 的频段，而 FDD（包括 WCDMA FDD 和cdma2000）共得到了 2×90MHz 的频段。

3. TD-SCDMA 产业链的形成与发展

TD-SCDMA 作为中国首次提出的具有自主知识产权的国际 3G 标准，已经得到了中国政府、运营商以及制造商等各界同仁的极大关注和支持。

2002 年 10 月 30 日，TD-SCDMA 产业联盟正式成立，大唐、南方高科、华立、华为、联想、中兴、中电、中国普天等 8 家知名通信企业作为首批成员，签署了致力于 TD-SCDMA产业发展的《发起人协议》。UT 斯达康、意法半导体、安捷伦、美国泰克公司、德州仪器、RTX 公司等国际知名的电信企业先后加入 TD-SCDMA 阵营。

　　TD-SCDMA 联盟的成立标志着 TD-SCDMA 获得了产业界的整体响应，阵营覆盖了从系统设备到终端的完整产业链，推动了产业化进程的突破。在众多国内外企业的共同努力下，TD-SCDMA 产业链的竞争环境已逐步形成并完善。TD-SCDMA 已经成为一个聚集近50 家国内外电信企业的 3G 产业。从系统到终端产业链的每个环节上都有 4 家以上国内外企业做积极的产品开发，如图 1-4 所示。

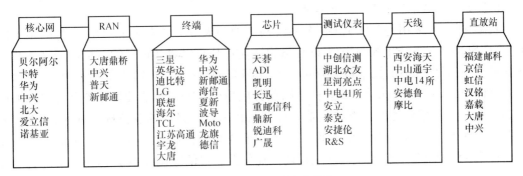

图 1-4　TD-SCDMA 产业链

1.1.2　TD-SCDMA 系统的特点

　　TD-SCDMA 系统及其技术具有以下特点。

　　（1）频谱效率高

　　TD-SCDMA 系统综合采用了联合检测、智能天线和上行同步等先进技术，系统内的多址和多径干扰得到了较好的消除，从而有效地提高了频谱利用率，进而提高了整个系统的容量。具体来讲，联合检测和上行同步可降低小区内的干扰（多小区联合检测能进一步消除部分同频邻区干扰），智能天线则可以有效抑制小区间及小区内的干扰。另外，联合检测和智能天线对于缓解 2G 频段上的多径干扰也有较好的作用。

　　（2）支持多载频（N 频点）

　　对 TD-SCDMA 系统来说，在大部分场景下其容量主要受限于码资源。TD-SCDMA 支持多载波，载频之间切换很容易实现。因为 TD-SCDMA 是时分系统，手机可在控制信道时扫描其他频率，无需任何额外硬件即可实现载波间切换，并能保证很高的成功率。另外，通过多载波可以消除同频广播信道间干扰以及上行同步信道间的干扰，从而降低掉话率。因为 TD-SCDMA 系统可以将邻小区的导频安排在不同的载波上，从而降低导频间干扰。

　　（3）呼吸效应相对较弱

　　用户数的增加使覆盖半径收缩的现象称为呼吸效应。CDMA 系统是一个自干扰系统，当用户数显著增加时，用户产生的自干扰呈指数级增加，因此呼吸效应是 CDMA 系统的自有特点。呼吸效应的另一个表现形式是每种业务用户数的变化都会导致所有业务的覆盖半径发生变化，这会给网络规划和网络优化带来很大的麻烦。TD-SCDMA 采用的联合检测及智能天线技术减弱了呼吸效应。

　　（4）频谱利用灵活、频率资源丰富

　　TD-SCDMA 系统采用时分双工模式，它的一个载波只需占用 1.6MHz 的带宽就可以提供速率达 384kbit/s 的 3G 业务（R4 版本），对于频率分配的要求简单和灵活了许多。中国政府为 TDD 分配了 155MHz 的工作频段,对比于 FDD 上/下行共 90MHz 的对称频段,TDD 系统在频率资源方面的优势,为 TDD 系统的网络扩容和后续发展提供了可能。

除中国外,世界各国的 3G 频谱规划都包括 TDD 频段(日本、欧洲运营商 3G 牌照中已经包括 TDD 频段,为未来 TD-SCDMA 进入国际市场提供了机遇),这为 TD-SCDMA 技术的国际化应用和国际漫游,提供了必要的条件。

(5)灵活高效承载非对称数据业务

TDD 技术的采用是 TD-SCDMA 系统与其他两大 3G 主流标准 FDD 系统的根本区别。TD-SCDMA 系统子帧中上/下行链路的转换点是可以灵活设置的,根据不同承载业务分别在上/下行链路上数据量的分布,上/下行资源可以有从 3∶3 的对称分配到 1∶5 的非对称分配调整。在未来 3G 多样化的业务应用中,非对称的数据业务会占有越来越多的比例,大部分业务的典型特征是上行链路和下行链路中的业务量不对称。FDD 系统由于其固定的上/下行频率的对称占用,在承载非对称业务时会造成对频谱资源的浪费。而 TD-SCDMA 系统可以通过配置切换点位置,灵活地调度系统上/下行资源,使得系统资源利用率最大化。因此 TD-SCDMA 系统更加适合未来的 3G 非对称数据业务和互联网业务。

(6)有利于智能天线技术的使用

智能天线采用空分多址(SDMA)技术,利用信号在传输方向上的差别,将同频率或同时隙、同码道的信号区分开来,最大限度地利用有限的信道资源。与无方向性天线相比较,其上/下行链路的天线增益大大提高,降低了发射功率电平,提高了信噪比,有效地克服了信道传输衰落的影响。同时,由于天线波瓣直接指向用户,减小了与本小区内其他用户之间,以及与相邻小区用户之间的干扰,而且也减少了移动通信信道的多径效应。CDMA 系统是个功率受限系统,智能天线的应用达到了提高天线增益和减少系统干扰两大目的,从而显著地扩大了系统容量,提高了频谱利用率。

1.1.3　扩频与调制技术

TD-SCDMA 系统中对数字信号的处理采用扩频与调制技术。来源于物理信道映射的比特流在进行扩频处理之前,先要经过数据调制。

1. 数据调制

所谓数据调制就是把两个(QPSK 调制)或 3 个(8PSK 调制)连续的二进制比特映射成一个复数值的数据符号,如图 1-5 所示。

调制就是对信息源信息进行编码的过程,其目的就是使携带信息的信号与信道特征相匹配以及有效地利用信道。

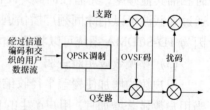

图 1-5　扩频与调制过程(1)

(1)QPSK 调制

为减小传输信号频带,提高信道频带利用率,可以将二进制数据变换为多进制数据来传输。多进制的基带信号对应于载波相位的多个相位值。QPSK 数据调制实际上是将连续的两个比特映射为一个复数值的数据符号,其数据映射关系如表 1-1 所示。

表 1-1　　　　　　　　　　QPSK 数据映射关系表

连续二进制比特	复数符号	连续二进制比特	复数符号
00	+j	10	-1
01	+1	11	-j

（2）8PSK 调制

8PSK 数据调制实际上是将连续的 3 个比特映射为一个复数值的数据符号，其数据映射关系如表 1-2 所示。在 TD-SCDMA 系统中，对于 2Mbit/s 业务采用 8PSK 进行数据调制，此时帧结构中将不使用训练序列，全部是数据区，并且只有一个时隙，数据区前加一个序列。

表 1-2　　　　　　　　　　8PSK 数据映射关系表

连续二进制比特	复数符号	连续二进制比特	复数符号
000	cos(11pi/8)+ jsin(11pi/8)	100	cos(13pi/8)+ jsin(13pi/8)
001	cos(9pi/8)+ jsin(9pi/8)	101	cos(15pi/8)+ jsin(15pi/8)
010	cos(5pi/8)+ jsin(5pi/8)	110	cos(3pi/8)+ jsin(3pi/8)
011	cos(7pi/8)+ jsin(7pi/8)	111	cos(pi/8)+ jsin(pi/8)

2．扩频调制

经过物理信道映射之后，信道上的数据将进行扩频和扰码处理。所谓扩频，就是用高于数据比特速率的数字序列与信道数据相乘，相乘的结果扩展了信号的带宽，将比特速率的数据流转换成了具有码片速率的数据流，如图 1-6 所示。扩频处理通常也叫做信道化操作，所使用的数字序列称为信道化码，这是一组长度可以不同但仍相互正交的码组。扰码与扩频类似，也是用一个数字序列与扩频处理后的数据相乘。与扩频不同的是，扰码用的数字序列与扩频后的信号序列具有相同的码片速率，所作的乘法运算是一种逐码片相乘的运算。扰码的目的是为了标识数据的小区属性，将不同的小区区分开来。

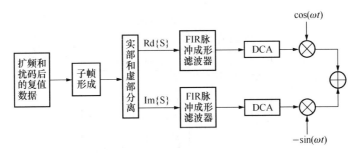

图 1-6　扩频与调制过程（2）

（1）扩频调制的原理

扩展频谱（简称扩频）通信技术是一种信息传输方式，是码分多址的基础，是数字移动通信中的一种多址接入方式。特别是在第三代移动通信中，它已成为最主要的多址接入方式。扩频通信在发送端，采用扩频码调制，使信号所占的频带宽度远大于所传信息必需的带宽；在接收端，采用相同的扩频码进行相关解调来解扩，以恢复所传信息数据。扩频通信就是用宽带传输技术来换取信噪比上的优点，这就是扩频通信的基本思想和理论依据。

扩频，就是用高于比特速率的数字序列与信道数据相乘，相乘的结果扩展了信号的宽度，将比特速率的数据流转换成具有码片速率的数据流。扩频处理通常也叫信道化操作，所使用的数字序列称为信道化码，在 TD-SCDMA 系统中，使用 OVSF（正交可变扩频因子）作为扩频码，上行方向的扩频因子（SF）为 1、2、4、8、16，下行方向的扩频因子为 1、16，如图 1-7 所示。

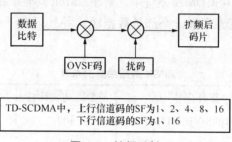

图 1-7　扩频调制

扰码是在扩频之后使用的，因此它不会改变信号的带宽，而只是将来自不同信号源的信号区分开来，这样，即使多个发射机使用相同的码字扩频也不会出现问题。在 TD-SCDMA 系统中，扰码序列的长度固定为 16，系统共定义了 128 个扰码，每个小区配置 4 个。

（2）正交可变扩频因子（OVSF）码

TD-SCDMA 系统使用的信道化码是正交可变扩频因子（OVSF）码，使用 OVSF 技术可以改变扩频因子，并保证不同长度的不同扩频码之间的正交性。OVSF 码可以用码树的方法来定义，如图 1-8 所示。码树的每一级都定义了一个扩频因子为 Q_k 的码。并不是码树上所有的码都可以同时用在一个时隙中，当一个码已经在一个时隙中采用，则其父系上的码和下级码树路径上的码就不能在同一时隙中被使用，这意味着一个时隙可使用的码的数目不是固定的，而是与每个物理信道的数据速率和扩频因子有关。

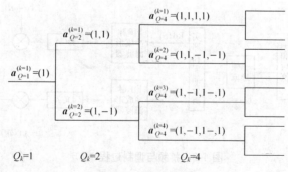

图 1-8　OVSF 码树

（3）扩频调制的优点

扩频调制具有如下优点。

① 抗干扰、噪声。通过在接收端采用相关器或匹配滤波器的方法来提取信号，抑制干

扰。相关器的作用是当接收机本地解扩码与收到的信号码相一致时，即将扩频信号恢复为原来的信息，而其他任何不相关的干扰信号通过相关器其频谱被扩散，从而落入信息带宽的干扰强度被大大降低了，当通过窄带滤波器（其频带宽度为信息宽度）时，就抑制了滤波器的带外干扰。

② 保密性好。由于扩频信号在很宽的频带上被扩展了，单位频带内的功率很小，即信号的功率谱密度很低，所以，直接序列扩频通信系统可以在信道噪声和热噪声的背景下，使信号湮没在噪声里，难以被截获。

③ 抗多径衰落。由于扩频通信系统所传送的信号频谱已扩展很宽，频谱密度很低，如在传输中小部分频谱衰落时，不会造成信号的严重畸变。因此，扩频系统具有潜在的抗频率选择性衰落的能力。

1.1.4　物理层结构

TD-SCDMA 系统的多址方式很灵活，可以看作是 FDMA、TDMA 和 CDMA 的有机结合。每个载频带宽为 1.6MHz，在相同的频带宽度内，可支持的载波数大大超过 FDD 模式；可单个频率使用，在频率资源紧张的国家和地区，频率可单个使用，频谱使用灵活。

TD-SCDMA 系统物理层结构的特点总结如下：

(1) 每载波带宽 1.6MHz；

(2) 码片速率 1.28Mchip/s；

(3) 双工方式 TDD；

(4) 帧长 10ms（分为两个 5ms 的子帧）。

TD-SCDMA 多址技术的原理图如图 1-9 所示。

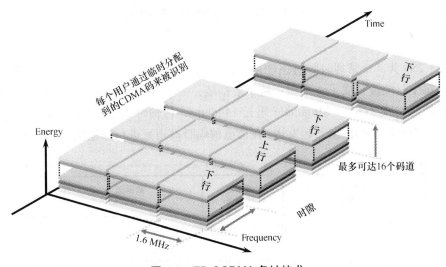

图 1-9　TD-SCDMA 多址技术

1. 物理信道帧结构

TD-SCDMA 系统的物理信道帧结构如图 1-10 所示。

3GPP 定义的一个 TDMA 帧长度为 10ms。TD-SCDMA 系统为了实现快速功率控制和定时提前校准，以及对一些新技术的支持（如智能天线、上行同步等），将一个 10ms 的帧分成两个结构完全相同的子帧，每个子帧的时长为 5ms。每一个子帧又分成长度为 675μs 的 7 个常规时隙（TS0~TS6）和 3 个特殊时隙：DwPTS（下行导频时隙）、G（保护间隔）和 UpPTS（上行导频时隙）。常规时隙用于传送用户数据或控制信息。在这 7 个常规时隙中，TS0 总是固定地用作下行时隙来发送系统广播信息，而 TS1 总是固定地用作上行时隙。其他的常规时隙可以根据需要灵活地配置成上行或下行，以实现不对称业务的传输，如分组数据。用作上行链路的时隙和用作下行链路的时隙之间由一个转换点（Switch Point）分开。每个 5ms 的子帧有两个转换点（UL 到 DL 和 DL 到 UL），第一个转换点固定在 TS0 结束处，而第 2 个转换点则取决于小区上/下行时隙的配置。

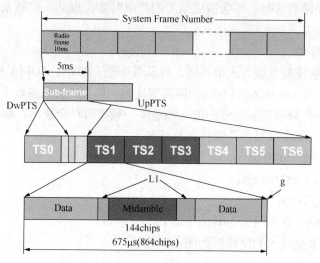

图 1-10　TD-SCDMA 物理信道帧结构

2. 常规时隙

TS0~TS6 共 7 个常规时隙被用作用户数据或控制信息的传输，它们具有完全相同的时隙结构。每个时隙被分成了 4 个域：两个数据域、一个训练序列域（Midamble）和一个用作时隙保护的空域（GP）。Midamble 码长 144chips，传输时不进行基带处理和扩频，直接与经基带处理和扩频的数据一起发送，在信道解码时被用来进行信道估计，如图 1-11 所示。

图 1-11　常规时隙（1）

数据码用于承载来自传输信道的用户数据或高层控制信息。除此之外，在专用信道和部分公共信道上，数据域的部分数据符号还被用来承载物理层信令。

Midamble 码用作扩频突发的训练序列，在同一小区同一时隙上的不同用户所采用的 Midamble 码由同一个基本的 Midamble 码经循环移位后产生。整个系统有 128 个长度为 128 chips 的基本 Midamble 码，分成 32 个码组，每组 4 个。一个小区采用哪组基本 Midamble 码由小区决定，当建立起下行同步之后，移动台就知道所使用的 Midamble 码组。Node B

决定本小区将采用这 4 个基本 midamble 码中的哪一个。一个载波上的所有业务时隙必须采用相同的基本 Midamble 码。原则上，Midamble 码的发射功率与同一个突发中的数据符号的发射功率相同。训练序列的作用体现在上/下行信道估计、功率测量、上行同步保持。传输时，Midamble 码不进行基带处理和扩频，直接与经基带处理和扩频的数据一起发送，在信道解码时它被用来进行信道估计。

在 TD-SCDMA 系统中，存在着 3 种类型的物理层信令：TFCI、TPC 和 SS。TFCI（Transport Format Combination Indicator）用于指示传输的格式；TPC（Transmit Power Control）用于功率控制；SS（Synchronization Shift）是 TD-SCDMA 系统中所特有的，用于实现上行同步，控制信号每个子帧（5ms）发射一次。在一个常规时隙的突发中，如果物理层信令存在，则它们的位置被安排在紧靠 Midamble 码的序列，如图 1-12 所示。

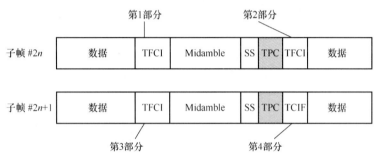

图 1-12　常规时隙（2）

对于每个用户，TFCI 信息将在每 10ms 无线帧里发送一次。对于每一个所分配的时隙是否承载 TFCI 信息也由高层分别告知。如果一个时隙包含 TFCI 信息，它总是按高层分配信息的顺序采用该时隙的第一个信道码进行扩频。TFCI 是在各自相应物理信道的数据部分发送，这就是说，TFCI 和数据比特具有相同的扩频过程。如果没有 TPC 和 SS 信息传送，TFCI 就直接与 Midamble 码域相邻。

1.2　TD-SCDMA 关键技术

1.2.1　TDD 技术

1. 基本概念

时分双工（Time Division Duplex）是一种通信系统的双工方式，在无线通信系统中用于分离接收和传送信道或者上行和下行链路。

采用 TDD 模式的无线通信系统中接收和传送是在同一频率信道（载频）的不同时隙，用保护时间间隔来分离上/下行链路的；而采用 FDD 模式的无线通信系统的接收和传送是在分离的两个对称频率信道上，用保护频率间隔来分离上/下行链路的。

采用不同双工模式的无线通信系统的特点和通信效率是不同的。TDD 模式中由于上/下行信道采用同样的频率，因此上/下行信道之间具有互惠性，这给 TDD 模式的无线通信系统带来许多优势。比如，智能天线技术在 TD-SCDMA 系统中的成功应用。

另外，由于 TDD 模式下上/下行信道采用相同的频率，不需要为其分配成对频率，在无线频谱越来越宝贵的今天，相比于 FDD 系统具有更加明显的优势。

图 1-13 为 TDD 双工方式示意图。

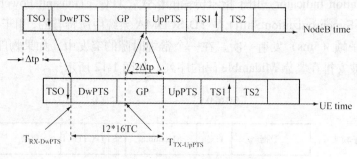

图 1-13　TDD 双工方式示意图

2. 应用优势

（1）易于使用非对称频段，无需具有特定双工间隔的成对频段，如图 1-14 所示。

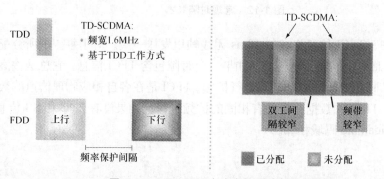

图 1-14　TDD 双工方式在非对称频段的使用

（2）适应用户业务需求，灵活配置时隙，优化频谱效率，如图 1-15 所示。

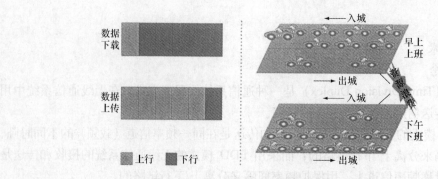

图 1-15　TDD 双工方式在时隙配置上的优势

（3）上行和下行使用同个载频，故无线传播是对称的，有利于智能天线技术和功率控制技术的实现，如图 1-16 所示。

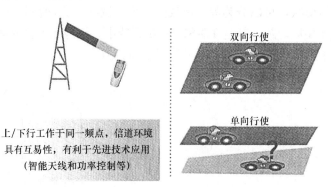

双向行使

单向行使

上/下行工作于同一频点，信道环境
具有互易性，有利于先进技术应用
（智能天线和功率控制等）

图 1-16　TDD 双工方式有利于先进技术应用

（4）无需笨重的射频双工器，基站小巧，降低成本。

而 FDD 双工方式具有如下劣势：

（1）上/下行使用不同频率，要分配成对频率；

（2）非对称业务谱效率低；

（3）信道特性非互易，不利于智能天线使用，开环功控不准确；

（4）需射频双工器，体积大。

1.2.2　智能天线技术

1．基本概念

要在复杂的移动通信环境和频带资源受限的条件下实现更好的通信质量和更高的频谱利用率，主要受 3 个因素的限制：多径衰落、时延扩展、多址干扰。为克服这些因素的限制，近几年开始研究的移动通信的智能技术，即智能移动通信技术，包括智能天线、智能传输、智能接收和智能化通信协议等提供了有力的技术支持。其中，智能天线技术作为 TD-SCDMA 系统的关键技术在抵抗干扰、提高系统容量方面发挥了重要的作用。相比于 WCDMA 系统，TD-SCDMA 系统带宽较窄，扩频增益较小，单载频容量较小，智能天线是保证系统能够获得满码道容量的重要条件。

智能天线（Smart Antenna）技术是在微波技术、自动控制理论、自适应天线技术、数字信号处理(DSP) 技术和软件无线电技术等多学科基础上综合发展而成的一门新技术。

智能天线，即具有一定程度智能性的自适应天线阵列。首先，天线阵列由多个空间分隔的天线阵元组成，每个天线的输出通过接收端的多输入接收机合并在一块。与传统接收天线只能在天线全向角度以固定方式处理接收信号不同，自适应天线阵列是空间到达角度或者说是扩展角度的函数，接收机可以在这个角度的范围内对接收的信号进行检测处理，可以动态地调整一些接收机制来提高接收性能。

根据到达天线阵列的信号的相关性，可以将天线阵列分为完全相关和完全不相关两种情况。对于前者，每个阵元上的信号以相同的方式衰落，这时要求阵元之间的间隔很小，一般小于等于半个波长，这也是 TD-SCDMA 系统中应用的天线阵列；而对于后者，每个阵元上的信号可以认为是相互独立的信道，当一个信号处于深衰落时，其他信号不可能同时处于深衰落，通常阵元之间的间隔要大于半个波长，此时主要是获得分集接收增益。根据天线阵列的几何形状，可以分为等距离线阵、均匀圆阵、天面格状阵列以及立体格状阵列。而等距离线阵和均匀圆阵都是 TD-SCDMA 系统中广泛应用的两种阵列，如图 1-17 所示，前者主要用于扇区化天线，后者主要用于全向天线。

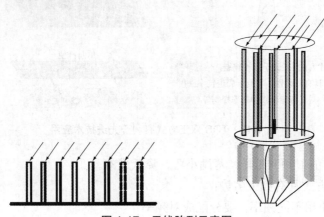

图 1-17 天线阵列示意图

自适应天线阵列能够在干扰方向未知的情况下，自动调节阵列中各个阵元的信号加权值的大小，使阵列天线方向图的零点对准干扰方向而抑制干扰，即使在干扰和信号同频率的情况下，也能成功地抑制干扰。如果天线的阵元数增加，还可以通过增加零点数来同时抑制不同方向上的几个干扰源。实际干扰抑制的效果，一般可达 25～30 dB 以上。智能天线以多个高增益的动态窄波束分别跟踪多个移动用户，同时抑制来自窄波束以外的干扰信号和噪声，使系统处于最佳的工作状态。但智能天线的波束跟踪并不意味着一定要将高增益的窄波束指向移动用户的物理方向，实际在随机多径信道上，移动用户的物理方向是难以确定的，特别是在发射台至接收机的直射路径上存在阻挡物时，用户的物理方向并不一定是理想的波束方向。智能天线波束跟踪的真正含义是在最佳路径方向形成高增益窄波束并跟踪最佳路径的变化。

使用智能天线的小区与普通小区的比较如图 1-18 所示。

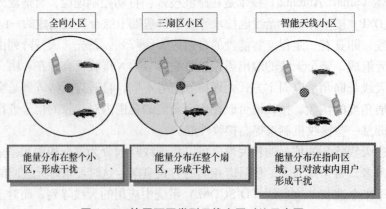

图 1-18 使用不同类型天线小区对比示意图

2. 工作原理

因为 TD-SCDMA 系统的 TDD 模式可以利用上/下行信道的互易性，即基站对上行信道估计的信道参数可以用于智能天线的下行波束成型，这样相比于 FDD 模式的系统，TDD 系统中智能天线技术比较容易实现。

目前 TD-SCDMA 系统在基站采用的智能天线，其处理过程如下：在上行链路上，天线阵 RF 前端接收到在第 1 个时隙来自各个终端的上行信号，这个组合信号被放大、滤波、下变频、A/D 转换后，数字合路器完成上行同步、解扩等处理，然后提取每个用户的空间参数，并进行上行波束成型(空间滤波)。下行链路大致是上行链路的逆过程，下行波束成型用上行链路提取的空间参数，并在第 2 个时隙将要发送的信号进行波束成型。

图 1-19 所示为一个具有智能天线的基站的示意方框图，和传统的没有智能天线的基站比较，在硬件上前者由一个天线阵和一组收发信机组成了其射频部分，而基带信号处理部分的硬件二者则基本相同。必须说明的是，这一组收发信机将使用同一个本振源，以保证此组收发信机是相干工作的。

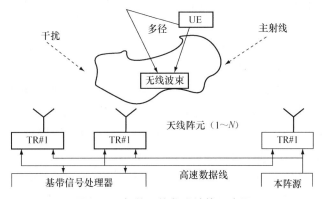

图 1-19　智能天线收发结构示意图

图 1-19 中每个射频收发信机都有 ADC 和 DAC，将收到的基带模拟信号转换为数字信号；将待发射的数字信号转换为模拟基带信号。而所有收发数字信号都通过一组高速数字滤波器总线和基带数字信号处理器来连接。

下面首先研究来自多个用户终端的基站处接收的上行信号。此上行信号包括多址干扰、衰落、多径传播和多谱勒频移等效应引起的干扰，并存在其他干扰和白噪声。将图中第 i 个接收机在第 n 时刻的输出用 $S_i(n)$ 表示。通过解扩和相应的数字信号处理，可以获得对每个码道的接收数据。如果以 $X_{ji}(M)$ 表示第 j 码道的第 M 个符号的数据，则在基带进行上行波束赋形（合成）后，将获得智能天线的总接收数据为

$$X_j(M) = \sum_{i=1}^{N} X_{ji}(M)W_{ij}(M)$$

其中：W 为上行波束赋形矩阵，其矩阵元素为 $W_{ij}(M)$。智能天线另一重要作用是实现其下行波束赋形，此用户在第 j 码道的第 M 个符号可以表示为 $Y_j(M)$。而通过智能天线的下行波束赋形（调整基站中各个发射机所发射信号的幅度和相位），在第 i 个天线阵元所发射的信号可表示为

$$Y_{ij}(M) = \sum_{i=1}^{N} Y_j U_{ji}(M)$$

其中：U 为 $U_{ji}(M)$下行波束赋形矩阵。

显然，为了获得最佳接收效果，就必须找到一种好的上行波束形成算法，即求得 w 矩阵的方法；而为了让此用户获得最好的信号，就必须找到一种好的下行波束形成算法，即求得 U 矩阵的方法。对此，学术界已经有很多成熟的算法，如最小均方误差（MMSE）算法、最小二乘（LS）算法、最大信噪比（SNR）算法、最大似然（ML）算法、最小均方(LMS)算法、递归最小二乘（RLS）算法、盲自适应算法等。其实现的主要限制是基带信号处理能力和对系统实时性的要求。

作为一个简化的特例，可以用最大功率合成算法，即令 $W=X$，以获得成形，在 TDD 方式的系统中，若组成智能天线系统的各射频收发信机是全向的，由于其上/下行电波传播条件相同，则可以直接将此上行波束赋形矩阵使用于下行，即令 $U=W$。

当每个天线阵元的技术参数与性能指标完全相同，并采用最大功率合成，如 $N=8$ 时，TD-SCDMA 使用的智能天线相对于无方向性的单阵子天线增益分别为 9 dB（对接收机）和 18 dB（对发射机）。若每个阵子的增益为 8dB，则天线的最大接收增益为 17dB，最大发射增益为 26dB。由于基站智能天线的最大发射增益比最大接收增益大得多，所以传输非对称的 IP 等数据及下载较大业务信息量非常合适。

采用智能天线后，应用波束赋形技术显著提高了基站的接收灵敏度和发射功率，大大降低了系统内部的干扰和相邻小区间的干扰，从而使系统容量扩大 1 倍以上。同时，还可以使业务高密度市区和郊区所需基站数目减少。天线增益的提高也能降低高频放大器（HPA）的线性输出功率，从而将显著降低运营成本。

智能天线是 TD-SCDMA 系统所采用的关键技术之一。如前所述目前业界采用的下行波束赋形方法，包括波束搜索法（GOB）以及特征值分解（EBB）法。根据系统仿真结果分析可知，EBB 算法能够更好地适应不同场景，保持下行波束赋形增益的稳定性。

这和表 1-3 给出的实际测试结果是一致的。

表 1-3 不同算法实际测试结果

EBB 和 GOB 天线赋形增益差值	厦门 8 天线	厦门 8 天线	厦门 6 天线	厦门 6 天线	广州 6 天线	广州 6 天线
	加载	空载	加载	空载	加载	空载
EBB	7.05	7.27	6.43	6.25	7.42	6.23
GOB	6.67	6.54	3.94	4.38	6.51	4.04
G_{EBB}-G_{GOB}	0.38	0.73	2.49	1.87	0.91	2.19

不过需要说明的是，在实际系统使用智能天线过程中，只有业务信道可以使用智能天线，因为广播信道承载的信息必须向小区内所有用户进行发送，而在信号接收过程中必须使用联合检测技术实现对干扰的抑制，这样，智能天线性能才能得到充分的发挥；另外，目前智能天线的体积和重量要远大于普通天线，使用的馈线数量也远远多于现有系统，因此，在网络建设中必须重新考虑智能天线的承重、风阻系数，以及馈线架、馈线窗等问题。

目前采用双极化天线/光纤拉远以及 RRU 等方式已解决智能天线体积和施工复杂的问题。

3. 应用优势

智能天线可以运用于移动通信系统的基站或者终端，它具有如下几大作用。

（1）天线波束赋形的结果等效于增大了天线增益。对于 N 元天线阵列，天线增益最大可能增加 $10\lg N\text{(dB)}$。

（2）天线波束赋形的结果使得多址干扰大大降低。只有来自主瓣方向和较大副瓣方向的多径才对有用信号带来干扰。

（3）天线阵可以对来波方向进行精确计算。来波方向可以用于用户定位和越区切换。

（4）智能天线和单天线相比，可以用多个小功率的线性功率放大器来代替单一的大功率的线性功率放大器。因为线性功率放大器的价格与功率值不成线性关系，使用智能天线大大降低了接收机的成本。

（5）智能天线提高了系统的设备冗余度。个别收发信机的损坏并不影响系统的工作。

（6）智能天线能够补偿信号衰落。

（7）智能天线提高了系统容量。

1.2.3　联合检测技术

1. 基本概念

在实际的 CDMA 移动通信系统中，由于扩频码字相关特性的非理想性，各个用户信号之间经过复杂多变的无线信道后将存在一定的相关性，这就是多址干扰（MAI）存在的根源。由个别用户产生的 MAI 虽然很小，可是随着用户数的增加或信号功率的增大，MAI 就成为了 CDMA 通信系统的一个主要干扰。

传统的 CDMA 系统信号分离方法是把 MAI 看作是与热噪声一样的干扰，导致信噪比严重恶化，系统容量也随之下降，这种将单个用户的信号分离看作是各自独立的过程的信号分离技术称为单用户检测（Single-user Detection）。WCDMA 系统使用了较长的扩频码，系统可以获得较高的扩频增益，限于目前硬件处理的能力，目前的 WCDMA 设备均采用 RAKE 接收这种单用户检测的方法，因此，在 WCDMA 实际系统可获得的容量小于码道设计容量。当然，WCDMA 单载频容量本身较大，目前的容量能力也可以满足运营需要。

实际上，由于 MAI 中包含许多先验的信息，如确知的用户信道码，各用户的信道估计等，MAI 不应该被当作噪声处理，它可以被利用起来以提高信号分离方法的准确性。这样充分利用 MAI 中的先验信息而将所有用户信号的分离看作一个统一的过程的信号分离方法被称为多用户检测技术（MUD）。根据对 MAI 处理方法的不同，多用户检测技术可以分为干扰抵消（Interference Cancellation）和联合检测（Joint Detection）两种。其中，干扰抵消技术的基本思想是判决反馈，首先从总的接收信号中判决出其中部分的数据，根据数据和用户扩频码重构出数据对应的信号，再从总接收信号中减去重构信号，如此循环迭代。联合检测技术则指的是充分利用 MAI，一步之内将所有用户的信号都分离开来的一种信号分离技术。

2. 工作原理

联合检测是 TD-SCDMA 技术中革新的多用户检测方案，接收机综合考虑了接收到的多址干扰和多径干扰，在做了充分的信道估计的前提下，将有用信号提取出来，达到抗干扰的目的。

在 K 个用户的多址接入系统中，设第 k 个用户的数据向量为 $d^{(k)}$，则在接收机收到的信号中，用户 k 的贡献 $e^{(k)}$ 可表示为

$$e^{(k)}=A^{(k)}d^{(k)} \qquad k=1,2,\cdots,K \qquad (式1\text{-}1)$$

其中，$A^{(k)}$ 由第 k 个用户对应的信道冲激响应与其所使用的扩频码和扰码之积卷积而得；那么，接收机收到的总信号 e 可表示为

$$e = \sum_{k=1}^{k} e^{(k)} + n = \sum_{k=1}^{k} A^{(k)}d^{(k)} + n \qquad k=1,2,\cdots,K \qquad (式1\text{-}2)$$

其中，n 是噪声向量。

综上，TD-SCDMA 系统多址接入的矩阵和向量表达方式为

$$e=Ad+n \qquad (式1\text{-}3)$$

其中，e 为接收机接收到的总信号向量；

矩阵 A 为系统矩阵，$A= (A^{(1)},A^{(2)},\cdots,A^{(k)},\cdots,A^{(K)})$；

d 为用户的数据向量，$d= (d^{(1)},d^{(2)},\cdots,d^{(k)},\cdots,d^{(K)})$；

n 为噪声向量；

K 为接收数据所在时隙激活的用户数；

k 表示第 k 个用户。

针对（式 1-3），所得到的信号估计值可以表示为

$$\hat{d} = (A^{*T}A)^{-1}A^{*T}e = R^{-1}A^{*T}e = (L\cdot L^{*T})^{-1}A^{*T}e = (L^{-1})^{*T}L^{-1}A^{*T}e \qquad (式1\text{-}4)$$

其中，矩阵 A 为系统矩阵，同（式 1-3）；

$R=A^{*T}A$ 为一个稀疏矩阵，同时是一个 Hermitian 矩阵，为了求得矩阵 R 的逆，我们将 R 矩阵进行 Cholesky 分解为（式 1-5）的形式：

$$R=A^{*T}A=LL^{*T} \qquad (式1\text{-}5)$$

其中，e 为接收机接收到的总信号向量；

$\hat{d}$ 为估计出的用户发送的数据向量。

$$\hat{d} = (L^{-1})^{*T}L^{-1}A^{*T}e \qquad (式1\text{-}6)$$

整个联合检测的模块即是围绕（式 1-6）展开的。

3. 应用优势

在 TD-SCDMA 系统中，基站和终端都采用了联合检测算法来消除 MAI 和 ISI。理论上来说，联合检测技术是可以完全消除 MAI 的影响，但在实际应用中，联合检测技术会遇到以下问题：

（1）对小区间干扰的解决方法有一定的限制；

（2）信道估计的不准确将影响到干扰消除的准确性；

（3）随着处理信道数的增加，算法的复杂度并非线性增加，实时算法难以达到理论上的性能。

由于以上原因，在 TD-SCDMA 系统中，并没有单独使用联合检测技术，而是采用了联合检测技术和智能天线技术相结合的方法。

智能天线和联合检测两种技术相合，不等于将两者简单地相加。TD-SCDMA 系统中智能天线技术和联合检测技术相结合的方法使得在计算量未大幅增加的情况下，上行能获得分集接收的好处，下行能实现波束赋形。图 1-20 说明了 TD-SCDMA 系统智能天线和联合检测技术相结合的方法。

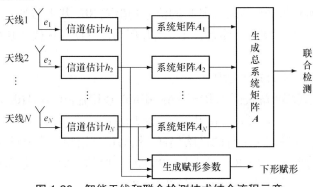

图 1-20 智能天线和联合检测技术结合流程示意

联合检测技术给 TD-SCDMA 系统带来了一系列的好处，诸如：降低系统干扰，扩大容量，降低功控要求，削弱远近效应，同时也为 TD-SCDMA 系统带来了巨大的经济效益。

1.2.4 功率控制和同步技术

1. 功率控制

功率控制是 CDMA 系统得以大规模商用的最重要技术之一，是用来克服远近效应的简单、有效的方法，同时可降低终端的功耗。TD-SCDMA 作为 CDMA 技术大家族的一员，不可避免也要使用功率控制技术，然而-SCDMA 系统中联合检测技术的采用降低了系统对功率控制的要求。换句话说，联合检测有一定的克服远近效应的能力。

上行最大允许发射功率是通过高层信令通知终端的。最大允许发射功率应低于终端所属类别的最大发射功率能力。上行功率控制应保证终端的发射功率不超过设定的最大允许发射功率。在某些情况下，计算得到的一些时隙内终端上行所需发射功率大于允许最大发射功率。这时需要将这些时隙内的所有上行信道的所需发射功率等比例的降低，以确保总发射功率不超过允许的最大发射功率。

图 1-21 所示是功率控制在信令中的位置示意。

图 1-21 功率控制在信令中的位置

19

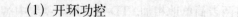

（1）开环功控

在 TD-SCDMA 系统中，开环功控主要用于随机接入过程，目的是为了粗略补偿路径损耗和阴影、拐角等效应带来的功率变化。移动台（或基站）根据下行链路（或上行链路）接收到的信号质量，对信道衰落情况进行估计，从而对发送功率进行调整。使基站（或所有移动台）收到的所有移动台（或基站）的信号功率或 SIR 基本相等，以有效克服"远近效应"。另外，在 TD-SCDMA 系统中可以用开环功控辅助内环快速功控的方式来提高系统功率控制性能。

开环功控总体思想用公式表示如下：

$$P_{TX}(dB)=L_{P\text{-}CCPCH}(dB)+(I+N_0)(dBm)+(SIR)_{des}(dB)+\varDelta(dB)$$

$$L_{PCCPCH}=P_{P\text{-}CCPCHref}-P_{P\text{-}CCPCH\ RSCP}$$

即把下行链路损耗等同于上行的链路损耗，然后用来预测估算上行的发射功率。其中，$(I+N_0)$ 上行的干扰加噪声，$(SIR)_{des}$ 是上行的期望接收信噪比，$\varDelta$ 是考虑某些情况下（比如阴影和快速移动）信道质量恶化而设置的安全裕度。

上行开环功率控制主要用于移动台在 UpPTS 信道，以及 PRACH 信道上发起随机接入过程，此时 UE 还不能从 DPCH 信道上接收功率控制命令。

① UpPCH 信道开环功率控制

UpPCH 信道开环功率控制的计算公式如下：

$$P_{UpPCH}=L_{PCCPCH}+P_{RxUpPCHdes}+(i-1)P_{wrramp}$$

上式中，P_{UpPCH} 为 UpPCH 的发射功率；L_{PCCPCH} 为移动台与基站之间的路径损耗，由 PCCPCH 发射功率与移动台实际接收到的 PCCPCH RSCP 之间的差获得；$P_{RxUpPCHdes}$ 为基站在 UpPCH 信道上期望接收到的功率，其值来自系统信息广播；i 为 UpPCH 信道的发射试探次数，其最大值由网络端通过系统信息通知移动台；P_{wrramp} 为功率递增步长。

② PRACH 信道开环功率控制

移动台在 PRACH 上的发射功率由下式计算得到：

$$P_{PRACH}=L_{PCCPCH}+P_{RxPRACHdes}+(i_{UpPCH}-1)P_{wrramp}$$

上式中，P_{PRACH} 为 PRACH 上的发射功率；L_{PCCPCH} 为移动台和基站之间的路径损耗，计算方法同上；P_{PRACH} 为基站在 PRACH 信道上期望获得的接收功率，其值由 FPACH 信道通知；i_{UpPCH} 为最后一个 UpPCH 信道发射试探次数；P_{wrramp} 为功率递增步长。

③ DPCH 开环功率控制

移动台在 DPCH 信道上的发射功率由下式进行计算：

$$P_{DPCH}=L_{PCCPCH}+P_{RxDPCHdes}$$

上式中，P_{DPCH} 为 DPCH 的发射功率；L_{PCCPCH} 为移动台到基站之间的路径损耗，计算方式同上；$P_{RxDPCHdes}$ 为基站期望接收到的 DPCH 信道的功率，其值由系统消息广播通知 UE。

（2）闭环功控

闭环功控是指 UE 进入连接模式（CELL_DCH）状态后，基站和 UE 在 DPCH 物理信道上进行双向功率调整的过程，分为外环功控和内环功控。

① 外环功控

外环功率控制根据链路的方向分为上行外环功率控制和下行外环功率控制。上行外环功率控制的主要功能是 RNC 根据上行链路接收到的质量测量报告中的 BER 或者 BLER 测量值与设定的 BER 或者 BLER 目标值进行比较的结果，实时地调整上行闭环快速功率控制的 SIR 目标值。下行外环功率控制的过程与原理与上行外环功率控制类似，UE 根据接收信号 BLER 的测量值与设定的 BLER 目标值的比较结果，来调整下行链路快速闭环功率控制的 SIR 目标值。

② 内环功控

内环功率控制是基于检测接收机端的接收信噪比来进行发射功率调整的，内环功率控制也分为上行和下行。

上行内环功率控制是由基站协助 UE，对 UE 的发射功率作出调整，从而使移动台始终保持最理想的发射功率。基站每隔一定的时间检测一次解调后的上行业务信道的 SIR，然后与期望值（即 SIR_{target}）进行比较，若高于目标值则发送一个降低发射功率的指令；反之，则发送一个增加发射功率的指令。

下行功率控制是由基站根据 UE 提供的测量报告，调整对每个 UE 的发射功率。其目的是对路径衰落小的 UE 分配相对较小的下行功率，而对那些比较远的和解调后信噪比比较低的 UE 分配相对较大的发射功率。

2. 同步技术

同步就是通过某种方法获得网元之间的时延，在发送端发送时考虑时延来决定发送时刻，以便接收方在容忍的时间范围内接收数据，进行正确的解析。

TD-SCDMA 是时分同步码分多址的系统，同步是 TD-SCDMA 中的关键技术。成熟的同步解决方案可以使设备满足业务的性能指标。同步问题解决不好，会造成业务数据在 RNC 中的缓冲时延过长，导致整个业务传输时延超出指标，同步问题解决不好，还会导致在 Iub 接口经常发生丢帧现象，使业务的性能指标超界。

TD-SCDMA 的同步技术包括网络同步、初始化同步、节点同步、传输信道同步、无线接口同步、Iu 接口时间较准、上行同步等。其中网络同步是选择高稳定度、高精度的时钟作为网络时间基准，以确保整个网络的时间稳定。它是其他各同步的基础。

初始化同步使移动台成功接入网络。节点同步、传输信道同步、无线接口同步和 Iu 接口时间较准、上行同步等，使移动台能正常进行符合 QoS 要求的业务传输。

TD-SCDMA 系统的 TDD 模式要求基站之间必须严格同步，目的是避免相邻基站之间的收发时隙存在交叉而导致严重干扰，一般通过 GPS 实现基站之间相同的帧同步定时，其精度要求为 3μs，紧急情况，如 GPS 不可用时，系统可自行维持 24 小时同步，在特殊情况下也可考虑使用空中接口的主从同步或者从传输接口提取，但精度不高。未来可以考虑同时使用我国自行建设的北斗系统进行授时。

异步 CDMA 技术已经成功地应用于无线系统噪声环境下高速数据业务的传输，但由于不同用户的非同步传输，CDMA 的频谱效率较差。随着共享频谱的用户数目增加，用户间的相互干扰会使信道噪声能量增加，容量降低。

同步 CDMA 是指 CDMA 系统中的所有无线基站收、发同步。CDMA 移动通信系统中的下行链路总是同步的，故同步 CDMA 主要是指上行同步，即要求来自不同位置、不同距离的不同用户终端的上行信号能够同步到达基站。由于各个用户终端的信号码片到达基站解调器的输入端时是同步的，它充分应用了扩频码之间的正交性，大大降低了同一射频信道中来自其他码道的多址干扰影响，如图 1-22 所示，因而系统容量可以随之增加。

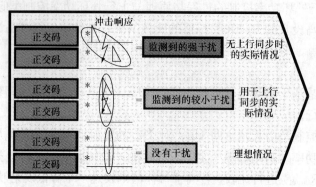

图 1-22　TD-SCDMA 上行同步与其他方式比较

下面描述的是有关 TD-SCDMA 系统无线接口的同步。

（1）下行同步

移动终端开机建立下行同步过程被称作初始化小区同步过程，即初始小区搜索。移动终端在发起一次呼叫前，必须获得一些与当前所在小区相关的系统信息，如可使用的随机接入信道（PRACH）和寻呼信道（FPACH）资源等，这些信息周期性地在 BCH 信道上广播。BCH 是一个传输信道（Transport Channel），它映射到公共控制物理信道（P-CCPCH）上，通常占用子帧的第 0 时隙。初始小区搜索的最终目的就是读取小区的系统广播信息，获得进行业务传输的参数。这里的同步不仅是时间上的同步，还包括频率、码字和广播信道的同步，要分 4 步进行，分别是 DwPTS 同步，扰码和基本 Midamble 码的识别，控制复帧的同步和读取广播信道。

（2）上行开环同步

开环同步的基本原理是 UE 获得与基站的下行同步后，根据下行路径损耗计算下行时延，以此时延作为计算上行时延，由此计算上行发送时刻。

在取得下行同步后，UE 在上行方向首先要在 UpPTS 时隙上发送 SYNC_UL。UpPTS 时隙专用于 UE 和系统的上行同步，没有用户的业务数据。所以对系统干扰比较小。

UE 要根据所接收到的 SYNC_DL 的到达时刻，以及 UE 和 Node B 之间距离来计算出 UE 的 UpPTS 的发射时刻。在接收到 SYNC_DL 时，由于 UE 不知道它与基站的距离，所以此时它还不能准确确定 UpPTS 的发射时刻。只能用开环控制的方法，根据接收 SYNC_DL 的功率路径损耗来估算距离，进而估算出合适的 UpPTS 提前发射量。

当系统收到 UE 发送的第一个 SYNC_UL 信号时，确定其到达时刻和所要求同步的时刻之差（精度为 1/8 chip），并由此决定 UE 下次应该使用的时间调制值。Node B 需要在收到 UpPTS 后的 4 个子帧（20ms）内的某一子帧，通过 F-PACH 信道把该信息发送给 UE（闭环控制）。在 F-PACH 信道中还包含 UE 初选的 SYNC_UL 码字信息以及 Node-B 接收到 SYNC_UL 的相对时间，以区分在同一时间段内使用不同 SYNC_UL 的 UE，以及不同时间段内使用相同 SYNC_UL 的 UE。

UE 在 F-PACH 上接收到这些信息控制命令后，按照系统要求的新的发送时间，在 P-RACH 信道上开始发送 UE 呼叫的第一条消息（RRC Connection Request），请求与系统建立 RRC 连接。在发送这条消息时，UE 与 Node B 之间已经有很高的同步精度（1/8chip）。

① UpPTS 的发射时刻 TTXUpPTS 可以用以下计算：

$T_{TX\text{-}UpPTS} = T_{RX\text{-}DwPTS} - 2\Delta t_p + 192$ TC；

$2\Delta t_p = 2d$（根据链路预算）$/c$（光速）；

其中：$T_{TX\text{-}UpPTS}$ 是根据 UE 的时钟确定的 UpPTS 发射时间，精度为 1/8 chip。

$T_{RX\text{-}DwPTS}$ 是根据 UE 的时钟确定的 DwPTS 接收时间，精度为 1/8 chip。

$2\Delta t_p$ 是 UpPTS 发送的时间提前量，也是 Node B 和 UE 之间的路径回环传输时延，精度也为 1/8 chip。（$2\Delta t_p = 2d/c$，式中，d 为估计的距离，c 为光速）。

可以基于利用接收的 P-CCPCH 和/或 DwPCH 功率得到的路径损失估计传播延迟 Δt_p；

注：本文假定所有同步精度均为 1/8 chip，在实际系统中所要求和可能达到的精度则将随 UE 和 Node B 对接收时刻的检测能力，和它们对发送时刻的调整能力（基带信号处理的能力）来确定，一般可能在 1/8～1 个码片的宽度。

② PRACH 的发射时刻 TXPRACH 可以用以下计算：

Node B 需要测量接收的 SYNC_UL 时间的偏差 UpPCH$_{POS}$。UpPCH$_{POS}$ 在 FPACH 中发射，表示为 1/8 码片的整数倍，占用 13 比特(0-8191)，取值时取最靠近 UpPCH 接收位置的数值。

PRACH 开始时间 $T_{TX\text{-}PRACH}$ 给定为：

$T_{TX\text{-}PRACH} = T_{RX\text{-}PRACH} - (UpPCH_{ADV} + UpPCH_{POS} - 8 \times 16T_C)$；

结果表示为 1/8 码片的整数倍，其中：

$T_{TX\text{-}PRACH}$ 是相对 UE 时间的 PRACH 发射开始时间。

如果 PRACH 是 DL 信道，$T_{RX\text{-}PRACH}$ 是相对 UE 时间的 PRACH 接收开始时间。

（3）上行闭环同步

上行闭环同步控制的基本思想是基站物理层测量各用户的定时信息，生成同步控制命令字发送给终端，终端按照基站发送的控制命令来调整发送时间。

上行同步调整步长是可配置的，为 1～8 的 1/8chip。对于一个上行时隙中有多个码道的用户的情况，同步控制命令字对每个码道都相同的，即上行同步控制是基于时隙控制的。

3. 功控应用优势

在移动上行通信过程中，如果小区中的所有用户均以相同的功率发射，则靠近基站的移动台到达基站的信号强，远离基站的移动台到达基站的信号弱，导致强信号掩盖弱信号的"远近效应"。CDMA 系统是在一个小区中多个用户同一时刻共同使用同一频率，所以"远近效应"更加突出。为了克服 CDMA 系统的"远近效应"，需要对移动台进行功率控制策略。同时在下行通信过程中，处于小区边缘的移动台受到其他相邻小区的干扰，导致接收信号恶化，这就是"角效应"。为了克服"角效应"需要对基站实行功率控制，作用如下：

（1）通过调整功率，保证上/下行链路的质量；

（2）减小远近效应；

（3）对抗阴影衰落和快速衰落；

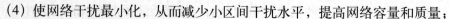

（4）使网络干扰最小化，从而减少小区间干扰水平，提高网络容量和质量；

（5）减少 UE 和基站的发射功率。

4. 同步应用优势

对于 TDD 的 CDMA 系统来说，同一频率同一时隙内可能有多个 UE 接入，并通过 OVSF 码来区分不同 UE。这就要求 UE 发送的信号在到达接收机时不但要落在指定的时隙内，还要保证不同 UE 之间的同步。利用正交码的特性，可以保证基站在解调时，各 UE 之间的信号没有相互影响。这样就可以充分利用码道资源，甚至达到满码道工作。与其他无线通信系统相比，可以提高频谱的利用效率。

1.2.5 接力切换技术

1. 接力切换原理

TD-SCDMA 系统的接力切换概念不同于硬切换与软切换，在切换之前，目标基站已经获得移动台比较精确的位置信息，因此在切换过程中 UE 断开与原基站的连接之后，能迅速切换到目标基站。移动台比较精确的位置信息，主要通过对移动台的精确定位技术来获得。

在 TD-SCDMA 系统中，移动台的精确定位应用了智能天线技术，首先 Node B 利用天线阵估计 UE 的 DOA，然后通过信号的往返时延，确定 UE 到 Node B 的距离。这样，通过 UE 的方向 DOA 和 Node B 与 UE 间的距离信息，基站可以确知 UE 的位置信息，如果来自一个基站的信息不够，可以让几个基站同时监测移动台并进行定位。

2. 接力切换与其他切换的主要区别

在硬切换过程中，UE 先断开与 Node B_A 的信令和业务连接，再建立与 Node B_B 的信令和业务连接，也即 UE 在某一时刻始终只与一个基站保持联系。而在软切换过程中，UE 先建立与 Node B_B 的信令和业务连接之后，再断开与 Node B_A 的信令和业务连接，也即 UE 在某一时刻可与两个基站同时保持联系。

接力切换虽然在某种程度上与硬切换类似，同样是在"先断后连"的情况下，但由于其实现是以精确定位为前提，因而与硬切换相比，UE 可以很迅速地切换到目标小区，降低了切换时延，减小了切换引起的掉话率。

接力切换、硬切换、软切换的比较如图 1-23 所示。

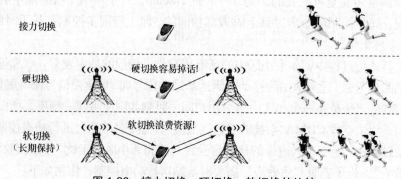

图 1-23 接力切换、硬切换、软切换的比较

接力切换和硬切换的主要区别如下。

（1）从过程来看：接力切换有预同步过程；硬切换无预同步过程，转到新信道后需进

行上行同步。

（2）从 Iub 口流程来看：有一段时间接力切换 RNC 同时向目标小区和服务小区发送业务数据。

（3）从 Uu 口流程来看：接力切换信令和业务有一段时间上行在目标小区，下行在原小区，然后下行转到目标小区。

3．接力切换应用优势

（1）切换时延短，减少掉话概率。

（2）切换可靠性高，数据丢失较少。

（3）节约频谱资源。

1.2.6 动态信道分配技术

1．基本原理

动态信道分配的引入是基于 TD-SCDMA 采用了多种多址方式——CDMA、TDMA、FDMA。其原理是当同小区内或相邻小区间用户发生干扰时可以将其中一方移至干扰小的其他无线单元（不同的载波或不同的时隙）上，达到减少相互间干扰的目的。动态信道分配（DCA）包括两部分： 慢速 DCA、快速 DCA。

（1）慢速 DCA 对小区中的载频、时隙进行排序，排序结果供接纳控制算法参考。设备支持静态的排序方法、动态的排序方法。其中，静态排序方法可以起到负荷集中的效果，动态排序方法可以起到负荷均衡的效果。具体排序方法的选择，可以由运营商定制。

（2）快速 DCA 对用户链路进行调整。在 N 频点小区中，当载波拥塞时，通过快速 DCA 可以实现载波间负荷均衡。当用户链路质量发生恶化时，也会触发用户进行时隙或者载波调整，从而改善用户的链路质量。

2．应用优势

采用 DCA 技术，能够较好地避免干扰，使信道重用距离最小化，从而高效率地利用有限的无线资源，提高系统容量；能够灵活地分配时隙资源，从而可以灵活地支持对称及非对称的业务；同时，具有频谱利用率高、无需信道预规划、可以自动适应网络中负载和干扰的变化等优点。

从实现原理上，动态信道分配能够有效地进行载波间、时隙间负荷均衡，从而有效抑制网络的噪声抬升，改善链路质量。就小区容量而言，动态信道分配本身不能直接带来增益，而对于用户链路质量的改善作用难以定量分析。

第2章 TD-SCDMA网络 协议与信令流程

2.1 UTRAN网络结构与通用协议模型

1. 网络结构

UMTS系统由核心网CN、无线接入网UTRAN和手机终端UE三部分组成。UTRAN由基站控制器RNC和基站Node B组成，其中UTRAN的网络系统结构如图2-1所示。

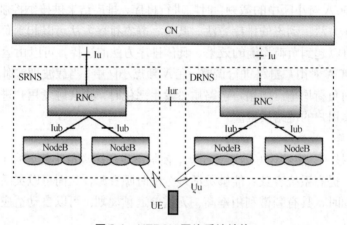

图2-1 UTRAN网络系统结构

核心网包括支持网络特征和通信业务的物理实体，提供包括用户合法信息的存储和鉴权、位置信息的管理、网络特性和业务的控制、信令和用户信息的传输等功能。通常，R4版本的核心网又分电路域（CS）和分组域（PS）两部分。语音、视频电话等业务由CS域提供服务，而FTP、Web浏览等业务由PS域提供服务。

接入网部分主要包括基站（Node B）和无线网络控制器（RNC）两部分。接入网负责为业务分配无线资源并与终端设备建立可靠的无线连接，以承载高层的用户应用。终端既包含完成与网络间实现无线传输的移动设备和应用，也包含用来进行用户业务识别并鉴定用户身份的用户识别单元（USIM）。

CN通过Iu接口与UTRAN的RNC相连。其中Iu接口又被分为连接到电路交换域的Iu-CS、分组交换域的Iu-PS以及广播控制域的Iu-BC。Node B与RNC之间的接口叫做Iub接口。在UTRAN内部，RNC通过Iur接口进行信息交互。Iur接口可以是RNC之间物理上的直接连接，也可以通过任何适合网络传输的虚拟连接来实现。Node B 与 UE 之间的接口叫 Uu 接口。

2. 通用协议模型

通用协议模型如图 2-2 所示。

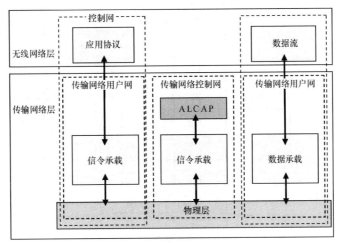

图 2-2　通用协议模型

可以从图上看到，UTRAN 层次从水平方向上可以分为传输网络层和无线网络层；从垂直方向上则包括 4 个平面：

- 控制平面；
- 用户平面；
- 传输网络层控制平面；
- 传输网络层用户平面。

控制平面：包含应用层协议，如 RANAP、RASAP、NBAP 和传输层应用协议的信令承载。

用户平面：包括数据流和相应的承载，每个数据流的特征都由一个和多个接口的帧协议来描述。

传输网络层控制平面：为传输层内的所有控制信令服务，不包含任何无线网络层信息。它包括为用户平面建立传输承载（数据承载）的 ALCAP 协议以及 ALCAP 需要的信令承载。

传输网络层用户平面：用户平面的数据承载和控制平面的信令承载都属于传输网络层的用户平面。

2.2　网络接口协议

1. Uu 接口

Uu 无线接口从协议结构上可以划分为 3 层：物理层（L1）、数据链路层（L2）和网络层（L3），如图 2-3 所示。

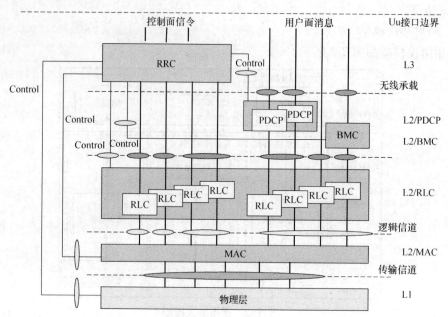

图 2-3　Uu 接口

L2 分为控制平面（C-平面）和用户平面（U-平面）。在控制平面中包括媒体接入控制 MAC 和无线链路控制 RLC 两个子层；在用户平面除 MAC 和 RLC 外，还有分组数据会聚协议 PDCP 和广播/多播控制协议 BMC。

L3 也分为控制平面（C-平面）和用户平面（U-平面）。在控制平面上，L3 的最底层为无线资源控制（RRC），它属于接入层（AS），终止于 RAN。移动性管理（MM）和连接管理（CM）等属于非接入层（NAS），其中，CM 层还可按其任务进一步划分为呼叫控制（CC）、补充业务（SS）、短消息业务（SMS）等功能实体。接入层通过业务接入点（SAP）承载上层的业务，非接入层信令属于核心网功能。

RLC 和 MAC 之间的业务接入点（SAP）提供逻辑信道，物理层和 MAC 之间的 SAP 提供传输信道。RRC 与下层的 PDCP、BMC、RLC 和物理层之间都有连接，用以对这些实体进行内部控制和参数配置。

2. Iu 接口

Iu 接口是连接 UTRAN 和 CN 的接口，也可以把它看成是 RNS 和核心网之间的一个参考点。它将系统分成用于无线通信的 UTRAN 和负责处理交换、路由和业务控制的核心网两部分。一个 CN 可以和几个 RNC 相连，而任何一个 RNC 和 CN 之间的 Iu 接口可以分成 3 个域：电路交换域（Iu-CS）、分组交换域（Iu-PS）和广播域（Iu-BC），它们有各自的协议模型。

按照不同的连接实体，Iu 接口可以分为以下 3 类。

（1）Iu-PS（Iu Packet Switched）：UTRAN 与 PS 域核心网连接的接口，用于将 UTRAN 连接至 PS 域的 CN。

（2）Iu-CS（Iu Circuit Switched）：UTRAN 与 CS 域核心网连接的接口，用于将 UTRAN 连接至 CS 域的 CN。

（3）Iu-BC（Iu Broadcast）：UTRAN 与广播域核心网之间的接口。Iu-BC 支持小区广播业务，用于将 UTRAN 连接至广播域的 CN。

在 CN 侧，Iu-CS 和 Iu-PS 既可以独立在不同的设备中，也可以组合在一个设备中。在分离式结构下（即 Iu-CS 和 Iu-PS 独立在不同的设备中）RNC 域面向 PS 和 CS 域，无论是用户面还是控制面都应该有独立的信令和用户数据连接。在组合式结构下（即 Iu-CS 和 Iu-PS 组合在一个设备中）RNC 面向 PS 域和 CS 域，在用户面各有独立的用户数据连接，在控制面有各自独立的 SCCP 连接。对于 PS 域和 CS 域，每个 RNC 最多只能连接到一个 CN 接入点；而对于 BC 域，每个 RNC 可以连接到一个或多个接入点。

Iu 接口的功能主要是负责传递非接入层的控制信息、用户信息、广播信息及控制 Iu 接口上的数据传递等。

3．Iub 接口

Iub 接口是 RNC 和 Node B 之间的接口，用于完成 RNC 和 Node B 之间的用户数据传送、用户数据和信令的处理以及 Node B 逻辑上的 O&M 等。它是一个标准接口，允许不同厂家的互联。Iub 接口的功能主要是管理 Iub 接口的传输资源、Node B 逻辑操作维护、传输操作维护信令、系统信息管理、专用信道控制、公共信道控制和定时以及同步管理。

4．Iur 接口

Iur 接口是两个 RNC 之间的逻辑接口，用来传送 RNC 之间的控制信令和用户数据。它是一个标准接口，允许不同厂家的互联。Iur 接口是 Iub 接口的延伸。它支持基本的 RNC 之间的移动性，支持公共信道业务、专用信道业务和系统管理过程。

2.3　信道映射

1．信道模式

UTRAN 网络中存在 3 种信道，分别为逻辑信道、传输信道和物理信道，如图 2-4 所示。

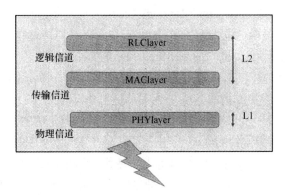

图 2-4　UTRAN 网络信道模式

（1）逻辑信道：MAC 子层向 RLC 子层提供的服务，它描述的是传送什么类型的信息。

（2）传输信道：物理层向高层提供的服务，它描述的是信息如何在空中接口上传输。

（3）物理信道：承载传输信道的信息。

2．物理信道及其分类

物理信道根据其承载的信息不同被分成了不同的类别，有些物理信道用于承载传输信道的数据，而有些物理信道仅用于承载物理层自身的信息。根据物理信道承载信息的不同，物理信通可分为专用物理信道和公共物理信道。

（1）专用物理信道

专用物理信道（Dedicated Physical CHannel，DPCH）用于承载来自专用传输信道 DCH 的数据。物理层将根据需要把来自一条或多条 DCH 的层 2 数据组合在一条或多条编码组合传输信道（Coded Composite Transport CHannel，CCTrCH）内，然后再根据所配置物理信道的容量将 CCTrCH 数据映射到物理信道的数据域。DPCH 可以位于频带内的任意时隙和任意允许的信道码，信道的存在时间取决于承载业务类别和交织周期。一个 UE 可以在同一时刻被配置多条 DPCH，若 UE 允许多时隙能力，这些物理信道还可以位于不同的时隙。物理层信令主要用于 DPCH。

（2）公共物理信道

根据所承载传输信道的类型，公共物理信道可划分为一系列的控制信道和业务信道。在 3GPP 的定义中，所有的公共物理信道都是单向的（上行或下行）。

① 主公共控制物理信道（Primary Common Control Physical CHannel，P-CCPCH）：仅用于承载来自传输信道 BCH 的数据，提供全小区覆盖模式下的系统信息广播，信道中没有物理层信令 TFCI、TPC 或 SS。

② 辅公共控制物理信道（Secondary Common Control Physical CHannel，S-CCPCH）：用于承载来自传输信道 FACH 和 PCH 的数据。不使用物理层信令 SS 和 TPC，但可以使用 TFCI，S-CCPCH 所使用的码和时隙在小区中广播，信道的编码及交织周期为 20ms。

③ 快速物理接入信道（Fast Physical Access CHannel，FPACH）：不承载传输信道信息，因而与传输信道不存在映射关系。Node B 使用 FPACH 来响应在 UpPTS 时隙收到的 UE 接入请求，调整 UE 的发送功率和同步偏移。数据域内不包含 SS 和 TPC 控制符号。因为 FPACH 不承载来自传输信道的数据，也就不需要使用 TFCI。

④ 物理随机接入信道（Physiacal Random Access CHannel，PRACH）：用于承载来自传输信道 RACH 的数据。传输信道 RACH 的数据不与来自其他信道的数据编码组合，因而 PRACH 信道上没有 TFCI，也不使用 SS 和 TPC 控制符号。

⑤ 物理上行共享信道（Physical Uplink Shared CHannel，PUSCH）用于承载来自传输信道 USCH 的数据。所谓共享指的是同一物理信道可由多个用户分时使用，或者说信道具有较短的持续时间。由于一个 UE 可以并行存在多条 USCH，这些并行的 USCH 数据可以在物理层进行编码组合，因而 PUSCH 信道上可以存在 TFCI。但信道的多用户分时共享性使得闭环功率控制过程无法进行，因而信道上不使用 SS 和 TPC（上行方向 SS 本来就无意义，为了使上/下行突发结构保持一致，SS 符号位置保留，以备将来使用）。

⑥ 物理下行共享信道（Physical Downlink Shared CHannel，PDSCH）：用于承载来自

传输信道 DSCH 的数据。在下行方向，传输信道 DSCH 不能独立存在，只能与 FACH 或 DCH 相伴而存在，因此作为传输信道载体的 PDSCH 也不能独立存在。DSCH 数据可以在物理层进行编码组合，因而 PDSCH 上可以存在 TFCI，但一般不使用 SS 和 TPC，对 UE 的功率控制和定时提前量调整等信息都放在与之相伴的 PDCH 信道上。

⑦ 寻呼指示信道（Paging Indicator CHannel，PICH）：不承载传输信道的数据，但却与传输信道 PCH 配对使用，用以指示特定的 UE 是否需要解读其后跟随的 PCH 信道（映射在 S-CCPCH 上）。

3. 传输信道及其分类

传输信道的数据通过物理信道来承载，除 FACH 和 PCH 两者都映射到物理信道 S-CCPCH 外，其他传输信道到物理信道都有一一对应的映射关系。

（1）专用传输信道

专用传输信道仅存在一种，即专用信道（DCH），是一个上行或下行传输信道。

（2）公共传输信道

① 广播信道（BCH）：这是一个下行传输信道，用于传输广播系统和小区的特定消息。

② 寻呼信道（PCH）：这是一个下行传输信道，PCH 总是在整个小区内进行寻呼信息的发射，与物理层产生的寻呼指示的发射是相随的，以支持有效的睡眠模式，延长终端电池的使用时间。

③ 前向接入信道（FACH）：FACH 是一个下行传输信道；用于在随机接入过程，UTRAN 收到了 UE 的接入请求，可以确定 UE 所在小区的前提下，向 UE 发送控制消息。有时，也可以使用 FACH 发送短的业务数据包。

④ 随机接入信道（RACH）：RACH 是一个上行传输信道，用于向 UTRAN 发送控制消息，有时，也可以使用 RACH 来发送短的业务数据包。

⑤ 上行共享信道（USCH）：上行信道，被一些 UE 共享，用于承载 UE 的控制和业务数据。

⑥ 下行共享信道（DSCH）：下行信道，被一些 UE 共享，用于承载 UE 的控制和业务数据。

4. 传输信道与物理信道的映射关系

表 2-1 给出了 TD-SCDMA 系统中传输信道与物理信道的映射关系。表中部分物理信道与传输信道并没有映射关系。按 3GPP 规定，只有映射到同一物理信道的传输信道才能够进行编码组合。由于 PCH 和 FACH 都映射到 S-CCPCH，因此来自 PCH 和 FACH 的数据可以在物理层编码组合成 CCTrCH。其他的传输信道数据都只能自身组合，而不能相互组合。另外，BCH 和 RACH 由于自身性质的特殊性，也不可能进行组合。

表 2-1　　　　　　　　　　　TD-SCDMA 传输信道与物理信道的映射关系

传输信道	物理信道
DCH	专用物理信道（DPCH）
BCH	主公共控制物理信道（P-CCPCH）
PCH	辅助公共控制物理信道（S-CCPCH）
FACH	辅助公共控制物理信道（S-CCPCH）

续表

传输信道	物理信道
RACH	物理随机接入信道（PRACH）
USCH	物理上行共享信道（PUSCH）
DSCH	物理下行共享信道（PDSCH）
	下行导频信道（DwPCH）
	上行导频信道（UpPCH）
	寻呼指示信道（PICH）
	快速物理接入信道（FPACH）

5. 逻辑信道及其分类

媒体接入控制子层位于物理层之上，主要是在物理层提供的传输信道和向 RLC 层提供服务的逻辑信道之间进行信道映射。MAC 层通过逻辑信道为高层提供服务。逻辑信道的类型是根据 MAC 提供不同类型的数据传输业务而定义的。逻辑信道依据传输数据的类型划分，通常分为两类，即用来传输控制平面信息的控制信道和传输用户平面信息的业务信道。

（1）控制信道

控制信道仅用于传输控制平面的信息。

① BCCH：广播系统控制信息的下行链路信道。

② PCCH：传输寻呼信息的下行链路信道。

③ CCCH：在网络和终端之间发送控制信息的双向信道，通常是当 UE 与网络没有 RRC 连接时使用该信道，或当小区重选后接入一个新的小区时使用。

④ DCCH：在网络和终端之间传送专用控制信息的点对点的双向信道，该信道在 UE 建立 RRC 连接的建立过程期间建立。

⑤ SHCCH：网络和终端之间传输控制信息的双向信道，用来对上行/下行共享信道进行控制。

（2）业务信道

业务信道仅用于传输用户平面信息。

① CTCH：用来向全部或部分 UE 传输用户信息的点对多点信道。

② DTCH：专门用于一个 UE 传输自身用户信息的点对点双向信道。

逻辑信道与传输信道的映射关系如图 2-5 所示。

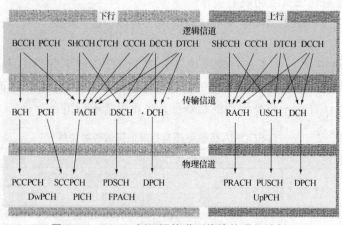

图 2-5　UTRAN 侧逻辑信道到传输信道的映射

2.4　物理层过程

1. 小区搜索过程

移动终端在初始小区搜索过程中,终端的目标是找到一个合适的小区并驻留在该小区。搜索的过程中需要确定下行同步码、扰码、基本训练序列码 (Basic Midamble Code)、控制帧周期。以上信息确定后终端就可以读取广播信道上的广播信息了。通常以上过程分 4 步来完成。

(1) 搜索 DwPTS

UE 利用 DwPTS 中的 SYNC_DL 实现与某一小区的 DwPTS 同步,这一步通常是通过一个或多个匹配滤波器 (或类似的装置) 与接收到的从 PN 序列中选出来的 SYNC_DL 进行匹配实现。为实现这一步,可使用一个或多个匹配滤波器 (或类似装置)。在这一步中,UE 必须要识别出在该小区可能要使用的 32 个 SYNC_DL 中的哪一个 SYNC_DL 被使用。

(2) 扰码和基本训练序列码识别

完成初始小区搜索的第一步之后,终端开始接收 P-CCPCH 信道的 Midamble 码。规范中定义了 1 个下行同步码对应 4 个可选的基本 Midamble 码 (因此,Midamble 码组共包含 128 个不同的基本 Midamble 码)。终端可以比较容易地从 4 个可能的基本 Midamble 码中判定该小区使用的基本 Midamble 码。而每一个基本 Midamble 码又唯一地对应一个扰码,所以终端在确定小区的基本 Midamble 码的同时,也知道了该小区使用的扰码。根据确认的结果,UE 可以进行下一步或返回到第一步。

(3) 实现复帧同步

UE 搜索在 P-CCPCH 里的 BCH 的复帧(Master Indication Block,MIB),它由经过 QPSK 调制的 DwPTS 的相位序列 (相对于在 P-CCPCH 上的 Midamble 码) 来标识。控制复帧由调制在 DwPTS 上的 QPSK 符号序列来定位。n 个连续的 DwPTS 可以检测出目前 MIB 在控制复帧中的位置。

(4) 读广播信道 BCH

UE 利用前几步已经识别出的扰码、基本训练序列码、复帧头读取被搜索到小区的 BCH 上的广播信息,根据读取的结果,可以得到小区的配置等公用信息。

2. 上行同步过程

TD-SCDMA 的上/下行都要求严格的同步,因此,支持上行同步是终端的必备功能。当终端开机时,首先需要与基站建立下行同步 (即上述小区搜索过程)。下行同步建立后启动上行同步过程。上行同步过程的实现通过随机接入过程来完成。而上行同步过程涉及上行同步信道 UpPCH 和物理随机接入信道 PRACH。

在终端与基站建立下行同步后,并不能确定终端与基站之间的距离。如果不采取一些措施，将无法实现不同终端上行链路的同步发送。因此，需要一个特殊的时隙 UpPTS。所有终端的初始上行同步都通过这个时隙发送首个上行包，以避免对业务时隙的干扰。在 UpPTS 时隙发送时刻的选择可以根据接收到的下行同步信道 DwPCH 和/或主公共控制信道 P-CCPCH 的功率大小来确定。基站在搜索窗内如果检测到终端发送的上行同步序列 SYNC-UL，则估计此上行序列与目标到达时间的偏差，并将结果反馈给终端，终端根据收到的反馈信息调整下一次发送的时刻。反馈信息是由上行同步信道 UpPCH 发送后的 4 个子帧内 FPACH 信道承载的。如果终端未在 4 个子帧内收到有效的应答，将会延迟一段时间重新进行上述同步过程。除了上述开机初始同步外，当终端与基站之间失步时也通过上述过程重新建立上行同步。

在 TD-SCDMA 系统中，整个通信过程中都要求保持高精度的上行同步。同步的保持和调整是通过闭环反馈实现的。在时隙结构中定义了同步调整字节 SS。基站在接收到的突发（burst）中检测训练序列 Midamble 码的到达时刻，估计出终端由于移动等原因引起的同步偏移量，通过 SS 字段通知终端调整上行发送时刻，使小区内所有终端都能实现准确的上行同步。3GPP 规范中定义的上行同步调整步长的取值范围是 1/8~1 码片（chip）。

3. 随机接入过程

随机接入过程分为以下 3 个阶段。

（1）随机接入准备

当 UE 处于空闲模式时，它将维持下行同步并读取小区广播信息。从该小区所用到的 DwPTS，UE 可以得到为随机接入而分配给 UpPTS 物理信道的 8 个 SYNC_UL 码（特征信号）的码集，一共有 256 个不同的 SYNC_UL 码序列，其序号除以 8 就是 DwPTS 中的 SYNC_DL 的序号。从小区广播信息中 UE 可以知道 PRACH 信道的详细情况（采用的码、扩频因子、Midamble 码和时隙）、FPACH 信道的详细信息（采用的码、扩频因子、Midamble 码和时隙）以及其他与随机接入有关的信息。

（2）随机接入过程

在 UpPTS 中紧随保护时隙之后的 SYNC_UL 序列仅用于上行同步，UE 从它要接入的小区所采用的 8 个可能的 SYNC_UL 码中随机选择一个，并在 UpPTS 物理信道上将它发送到基站。然后 UE 确定 UpPTS 的发射时间和功率（开环过程），以便在 UpPTS 物理信道上发射选定的特征码。

一旦 Node B 检测到来自 UE 的 UpPTS 信息，那么它到达的时间和接收功率也就知道了。Node B 确定发射功率更新和定时调整的指令，并在以后的 4 个子帧内通过 FPACH（在一个突发/子帧消息）将它发送给 UE。

一旦当 UE 从选定的 FPACH（与所选特征码对应的 FPACH）中收到上述控制信息时，表明 Node B 已经收到了 UpPTS 序列。然后，UE 将调整发射时间和功率，并确保在接下来的两帧后，在对应于 FPACH 的 PPACH 信道上发送 RACH。在这一步，UE 发送到 Node B 的 RACH 将具有较高的同步精度。

之后，UE 将会在对应于 FACH 的 CCPCH 的信道上接收到来自网络的响应，指示 UE 发出的随机接入是否被接收。如果被接收，将在网络分配的 UL 及 DL 专用信道上通过 FACH 建立起上/下行链路。

在利用分配的资源发送信息之前，UE 可以发送第 2 个 UpPTS 并等待来自 FPACH 的响应，从而可得到下一步的发射功率和 SS 的更新指令。

接下来，基站在 FACH 信道上传送带有信道分配信息的消息，基站和 UE 间进行信令及业务信息的交互。

（3）随机接入冲突处理

在有可能发生碰撞的情况下，或在较差的传播环境中，Node B 不发射 FPACH，也不能接收 SYNC_UL。也就是说，在这种情况下，UE 得不到 Node B 的任何响应。因此 UE 必须通过新的测量，来调整发射时间和发射功率，并在经过一个随机延时后重新发射 SYNC_UL。

每次（重）发射，UE 都将重新随机地选择 SYNC_UL 突发。这种两步方案使得碰撞最可能在 UpPTS 上发生，即 RACH 资源单元几乎不会发生碰撞。这也保证了在同一个 UL 时隙中可同时对 RACH 和常规业务进行处理。

2.5 信令流程

1. UE 状态与寻呼流程

（1）UE 状态

UE 有两种基本运行模式：空闲模式和连接模式。UE 开机后停留在空闲模式下。通过非接入层表示，如 IMSI、P-TMSI、TMSI 等标识来区分。UTRAN 不保留空闲模式下的 UE 信息，仅能够寻呼 LAC 区中的所有 UE 或同一寻呼时刻的所有 UE。当 UE 完成 RRC 连接建立后，才会从空闲模式转移到连接模式，CELL_FACH 或 CELL_DCH。当 RRC 连接释放后，UE 从连接模式到空闲模式。UE 连接模式共有 4 种状态：CELL_PCH、URA_PCH、CELL_FACH、CELL_DCH。

UE 状态跃迁示意图如图 2-6 所示。

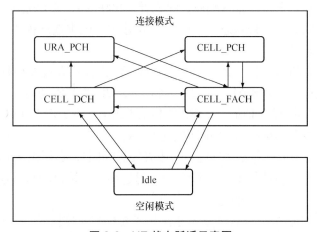

图 2-6 UE 状态跃迁示意图

- Idle 状态

UE 开机后，在一个小区中读取系统消息，监听寻呼信息，处于 Idle 状态。在 Idle 状态下，UE 的所有连接在接入层都是关闭的，UE 的识别通过非接入层标识（如 IMSI、TMSI 和 P-TMSI）来区别。UTRAN 中没有为处于空闲模式的 UE 建立上下文，如果要寻址一个特定的 UE，只能在一个小区内向所有的 UE 或向监听同一寻呼时段的多个 UE 发送寻呼消息。

- CELL_DCH 状态

CELL_DCH 状态的基本特征是，UE 被分配了专用的物理信道。在该状态下，除了上/下行专用物理信道 DPCH 外，UE 还可能被分配物理上/下行共享信道 PUSCH 和/或 PDSCH。根据 UTRAN 的分配情况，UE 可以使用专用传输信道 DCH、上行共享传输信道 USCH、下行共享传输信道 DSCH，以及这些传输信道的组合。UTRAN 根据当前的激活信道集知道该 UE 已经处在小区识别等级上。

- CELL_FACH 状态

CELL_FACH 状态的基本特征是，UE 与 UTRAN 之间不存在专用物理信道连接，UE 在下行方向将连续监视 FACH 传输信道，而在上行方向可以使用公共或共享传输信道（如 RACH），UE 在任何时候都可以在相关传输信道上发起接入过程。根据 UTRAN 的分配情况，UE 在此状态下可以使用 USCH 或 DSCH 传输信道，UTRAN 也可以根据 UE 最后一次执行的小区更新过程，知道 UE 当前所处的小区。

如果 UE 选择了一个新的小区，UE 将把当前的位置信息通过小区更新过程报告给 UTRAN。UTRAN 也可以在 FACH 上直接给 UE 发送数据，而不必先发起寻呼。UTRAN 将把系统信息的变化通过相应的调度信息在 FACH 上及时地广播给 UE，以便 UE 重新读取相应的系统信息。

- CELL_PCH 状态

CELL_PCH 状态的基本特征是，UE 与 UTRAN 之间不存在专用物理信道连接，而且 UE 也不可以使用任何上行物理信道。在该状态下，UE 为节省功耗，可以使用 DRX 方式去监听 PICH 所指示的 PCH 信道。UTRAN 根据 UE 上次在 CELL_FACH 状态下执行的最后一次小区更新过程，知道 UE 当前所处的小区。

如果 UE 需要发送上行数据（响应寻呼或者发起呼叫），必须先从 CELL_PCH 状态转移到 CELL_FACH 状态。在该状态下，RRC 子层通过小区重选过程执行连接移动性管理。

- URA_PCH 状态

URA_PCH 状态的基本特征是，UE 与 UTRAN 之间不存在专用物理信道连接，而且 UE 也不可以使用任何上行物理信道。在该状态下，UE 为节省功耗，可以使用 DRX 方式去监听 PICH 所指示的 PCH 信道。UTRAN 根据 UE 上次在 CELL_FACH 状态下执行的最后一次 URA 更新过程，知道 UE 当前所处的 URA。

如果 UE 需要发送上行数据（响应寻呼或者发起呼叫），必须先从 URA_PCH 状态转移到 CELL_FACH 状态。在该状态下，RRC 子层通过小区重选过程执行连接移动性管理。

- 空闲模式与连接模式的跃迁

在 UE 发起 RRC 连接请求后，UE 从空闲模式转移到连接模式下的 CELL_DCH 状态或者 CELL_FACH 状态。如果连接建立失败，则返回空闲模式。在 UE 发起释放 RRC 连接请求后，UE 从 CELL_DCH 状态或者 CELL_FACH 状态下转移到空闲模式。

- CELL_DCH 状态与 CELL_FACH 状态的跃迁

UE 可以在 CELL_FACH 状态下通过建立一个专用物理信道而进入 CELL_DCH 状态。而处于 CELL_DCH 状态的 UE 也可以通过释放所有的专用物理信道而进入 CELL_FACH 状态。

- CELL_DCH 状态与 CELL_PCH（URA_PCH）状态的跃迁

CELL_DCH 状态下的 UE 执行重配置过程，根据来自 UTRAN 的指示，可以进入 CELL_PCH 状态或者 URA_PCH 状态。但是，处于 CELL_PCH 状态或者 URA_PCH 状态的 UE 不能直接跃迁到 CELL_DCH 状态，必须先跃迁到 CELL_FACH 状态。

- CELL_FACH 状态与 CELL_PCH（URA_PCH）状态的跃迁

处于 CELL_PCH（URA_PCH）状态下的 UE，如果小区（URA）重选时选择了一个新的 URA 小区，则 UE 将跃迁到 CELL_FACH 状态，并在新的小区发起小区（URA）更新过程。在小区（URA）更新过程完成后，如果 UTRAN 和 UE 都没有数据要发送，则 UE 将回到 CELL_PCH（URA_PCH）状态。

（2）寻呼流程

与固定通信不一样，移动通信中的通信终端位置是不固定的。为了建立一次呼叫，核心网（CN）通过 Iu 接口向 UTRAN 发送寻呼信息，UTRAN 通过 Uu 接口上的寻呼过程发送给 UE，使被寻呼的 UE 发起与 CN 的信令连接建立过程。

当 UTRAN 收到某个 CN 域（CS 域或 PS 域）的寻呼消息时，首先判断 UE 是否与另一个 CN 域建立了信令连接，如果没有建立信令连接，那么 UTRAN 只能知道 UE 当前所在的服务区，并通过寻呼控制信道将寻呼消息发送给 UE，这就是 PAGING TYPE 1 消息。如果已经建立信令连接，在 CELL_DCH 或 CELL_FACH 状态下，UTRAN 就可以知道 UE 当前的活动属于哪种信道上并通过专用控制信道将寻呼消息发送给 UE，这就是 PAGING TYPE 2 消息。根据 UE 所处的状态，寻呼可以分为以下两种类型。

① 寻呼处于 Idle 模式或 PCH 状态下的 UE

该过程用于在寻呼控制信道（PCCH）上给选定的处于空闲模式、CELL_PCH 或 URA_PCH 状态下的 UE 传输寻呼信息。

寻呼过程通常有以下几个功能：网络高层（核心网）可能要求寻呼、发起呼叫或建立信令连接。这种寻呼请求通过 Iu 接口来自核心网；UTRAN 能在 CELL_PCH 或 URA_PCH 状态下启动对一个 UE 的寻呼以触发小区更新过程或通知在空闲模式、CELL_PCH 或 URA_PCH 状态下的 UE 读取更新的系统信息。

触发条件：寻呼类型 1 由 UTRAN 发起，UE 中的处理过程由接收到的消息触发。

➢ 用于 CS 域连接

流程图如图 2-7 所示。

图 2-7　CS 域连接

[流程说明]

在 PAGING TYPE 1 消息中，包括被寻呼的 UE 的识别符 IMSI 或 TMSI，CN domain identity=CS；不包含 IE"BCCH modification"，PAGING Area=LA or None。UE 在收到 PAGING TYPE 1 消息后，向 UTRAN 发送 RRC CONNECTION REQUEST 消息，以建立和 UTRAN 之间的 RRC 连接。

➤ 用于 PS 域连接

流程图如图 2-8 所示。

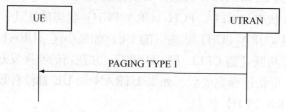

图 2-8 PS 域连接

[流程说明]

UMTS 中，PS 域的 PAGING 消息由网络侧请求建立一个 PS 域的信令连接或者网络侧提示移动台再次进行 Attach（如果必要，由于网络失败的原因），如果终端没有进行 GPRS 附着，终端将会不理睬收到的 PS 域 PAGING 消息。PAGING 消息包括：被寻呼的 UE 的标识符：P-TMSI, IMSI；CN domain identity=PS；不包含 IE "BCCH modification"；PAGING Area=RA。UE 在收到 PAGING TYPE 1 消息后，向 UTRAN 发送 RRC CONNECTION REQUEST 消息，以建立和 UTRAN 之间的 RRC 连接。

➤ 用于系统消息更新

流程图如图 2-9 所示。

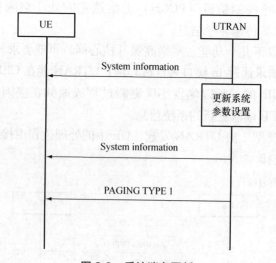

图 2-9 系统消息更新

［流程说明］

PAGING TYPE 1 消息由 UTRAN 发起，用于指示系统消息的更新，在 PAGING TYPE 1 消息 IE"BCCH modification information"中指示系统消息的更新；UE 在收到 PAGING TYPE 1 消息后，读取更新的系统消息。

② 寻呼处于连接模式下的 UE

该过程用于寻呼处于连接模式 CELL_DCH 或 CELL_FACH 状态的某个 UE。

触发条件：寻呼类型 2 由 UTRAN 发起，UE 被动接收。

流程图如图 2-10 所示。

图 2-10　寻呼处于连接模式下的 UE

［流程说明］

UTRAN 在 DCCH 信道上发送 PAGING TYPE 2 消息，其中包含寻呼 UE 的"PAGING Record Type Identifier"，CN domain identity=CS。UE 在接收到"PAGING TYPE 2"消息后，在上行 DCCH 信道上发送"INITIAL DIRECT TRANSFER"消息。

2. 驻留流程

空闲模式指的是从 UE 开机到连接建立这段时间。UE 开机后或在漫游中，它的首要任务就是找到网络并和网络取得联系，以获得网络的服务。因此，空闲模式下 UE 的行为对于 UE 是至关重要的。UE 在空闲模式下的行为可以分为 PLMN 选择/重选、小区的选择/重选和位置更新 3 种。

(1) PLMN 选择/重选

当 UE 开机后，首先应该选择一个 PLMN。一般来说，这个 PLMN 是用户和运营商签约时确定的，由运营商指定。当选中了一个 PLMN 后，就开始选择属于这个 PLMN 的小区，找到这样一个符合驻留条件的小区后，UE 就驻留在这个小区，并继续监测小区的系统消息广播中的该小区的邻小区，从中选择一个信号最好的小区，驻留下来。接着，UE 会发起位置登记过程（Location Update 或者 Attach），用以通知网络侧自己的状态，成功后 UE 就成功地驻留在这个小区中了。驻留的作用有 4 个：使 UE 可以接收 PLMN 广播的系统信息，可以在小区内发起随机接入过程，可以接收网络的寻呼，可以接收小区广播业务。

(2) 小区选择/重选

当 PLMN 选定之后，就要进行小区选择，目的是选择属于这个 PLMN 中信号最好的小区。首先，如果 UE 存有这个 PLMN 的一些相关信息，如频率、扰码等，UE 就会首先使用这些信息进行小区重搜。这样就可以较快地找到网络，因为大多数情况下，UE 都在同一个地点关机和开机，如晚上关机、早晨开机等。这些信息保存在 SIM 卡中。随着 UE 的移动，当前小区和临近小区的信号强度都在不断变化。UE 就要选择一个最合适的小区，这就

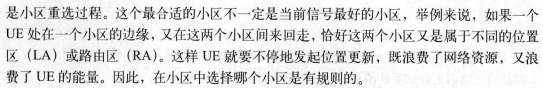
是小区重选过程。这个最合适的小区不一定是当前信号最好的小区，举例来说，如果一个 UE 处在一个小区的边缘，又在这两个小区间来回走，恰好这两个小区又是属于不同的位置区（LA）或路由区（RA）。这样 UE 就要不停地发起位置更新，既浪费了网络资源，又浪费了 UE 的能量。因此，在小区中选择哪个小区是有规则的。

小区选择及重选的标准和参数如下。一个小区的无线参数是否满足小区驻留的标准（包括正常小区驻留和任意小区驻留）可由下面的不等式来判断：

$$Srxlev=Q_{rxlevnear}-Q_{rxlevmin}-\max\left(P_{RACH}-P_{MAX}, 0\right)>0$$

式中，

Srxlev 为小区选择的接收值（单位为 dB），由该参数来判断小区是否可选。

$Q_{rxlevmeas}$ 为 UE 在 P-CCPCH 信道上接收的信号码功率，在 TD-SCDMA 模式下，测量也可以基于导频时隙 DwPTS（单位为 dBm）。

$Q_{rxlevmin}$ 为小区要求的最小接收功率。该参数由系统信息广播（单位为 dBm）决定。

P_{RACH} 为 UE 在随机接入信道 RACH 上允许使用的最大发射功率。在 TD-SCDMA 模式下，也对应在 UpPTS 时隙上允许的最大发射功率。该参数由系统信息广播 UE_TXPWR_MAX_RACH（单位为 dBm）决定。

P_{MAX} 为 UE 的最大射频发射功率（单位为 dBm）。

（3）位置更新

当 UE 重选小区并选择了另外一个小区后，通过读取该小区的系统信息广播，如果 UE 发现这个小区属于另外一个位置区（LA）或路由区（RA），UE 就要发起位置更新过程，以通知网络最新的 UE 的位置信息。如果 Location Update 或者 Attach 不成功，UE 就要进行 PLMN 重选。位置区更新信令流程：RRC 连接建立→位置更新（包含鉴权过程和安全模式）→TMSI 重分配→Iu 释放→RRC 连接释放。

3. 呼叫流程

典型的呼叫信令流程包括主叫信令流程、被叫信令流程和呼叫释放信令流程。对一个主叫过程来说，如果之前 UE 没有建立 RRC 连接，则先建立 RRC 连接，再通过初始直传建立传输 NAS 消息的信令连接，最后建立 RAB。被叫过程包括了寻呼过程，在接入层内与主叫过程很类似，其他区别主要体现在 NAS 消息上。主叫与被叫的释放流程相同，包括 Iu 连接的释放和 RRC 连接的释放。可以仅释放 Iu 连接，保持 RRC 连接；也可以同时释放 Iu 连接和 RRC 连接。

主叫流程是指 UE 呼叫其他用户（如 PSTN 用户）的过程。具体流程如图 2-11 所示，主叫流程经过了如下几个过程。

（1）RRC 连接建立

为了成功进行呼叫，UE 向 RNC 发送 RRC 连接建立请求消息 RRC Connection Request，发起 RRC 连接建立过程，建立起与 RNC 之间的信令连接。当 RNC 接收到 UE 的 RRC 连接请求消息，则根据特定的算法确定是接受还是拒绝该 RRC 连接建立请求。如果接受，则再判决是建立在专用信道还是公共信道。RRC 连接建立信道不同，RRC 连接建立流程也不同。若 RRC 连接建立在专用信道上，RNC 需要为 UE 分配专用无线资源、建立无线链路，并且为无线链路建立 Iub 接口的 ALCAP 用户面传输承载。具体信令流程描述如下。

① UE 通过上行 CCCH 发送 RRC 连接请求消息 RRC Connection Request，请求建立一个 RRC 连接。

② RNC 根据 RRC 连接请求的原因以及系统资源状态，决定 UE 建立在专用信道上，并分配 RNTI、无线资源和其他资源（L1、L2 资源）。

③ RNC 向 Node B 发送无线链路建立请求消息 Radio Link Setup Request，请求 Node B 分配 RRC 连接所需的特定无线链路资源。

④ Node B 资源准备成功后，向 RNC 应答无线链路建立响应消息 Radio Link Setup Response。

⑤ RNC 使用 ALCAP 协议建立 Iub 接口用户面传输承载，并完成 RNC 与 Node B 之间的同步过程。

⑥ RNC 通过下行 CCCH 信道向 UE 发送 RRC 连接建立消息 RRC Connection Setup，消息包含 RNC 分配的专用信道信息。

⑦ UE 确认 RRC 连接建立成功后，在刚刚建立的上行 DCCH 信道向 RNC 发送 RRC 连接建立完成消息 RRC Connection Setup Complete。RRC 连接建立过程结束。

（2）信令连接建立

UE 向 UTRAN 发送初始直传消息 Initial Direct Transfer，发起与 CN 之间的信令连接建立过程，RNC 建立起与 CN 之间的信令连接。直传消息指 UE 与 CN 之间的信令交互 NAS 信息，如鉴权、业务请求、连接建立等，由于这些消息在 RNC 透明传输，所以又叫直传消息。RRC 连接建立的只是 UE 与 RNC 之间的信令连接，因此为了传送直传消息，还需要继续建立 UE 与 CN 之间的信令连接。RNC 在收到第一条直传消息（即初始直传消息 Initial Direct Transfer）时，将建立与 CN 之间的信令连接，该连接建立于 SCCP 之上。信令连接建立成功后，UE 发送到 CN 的消息，通过上行直传消息 Uplink Direct Transfer 发送到 RNC，RNC 将其转换为直传消息 Direct Transfer 发送到 CN；CN 发送到 UE 的消息，通过直传消息 Direct Transfer 发送到 RNC，RNC 将其转换为下行直传消息 Downlink Direct Transfer 发送到 UE。

初始直传：初始直传过程用于建立起 RNC 与 CN 之间的一条信令连接，同时承载一条初始 NAS 消息。NAS 消息的内容在 RNC 并不进行解释，而是转送给 RNC。信令流程描述如下：

① RRC 连接建立后，UE 通过 RRC 连接向 RNC 发送初始直传消息 Initial Direct Transfer，消息中携带 UE 发送到 CN 的初始 NAS 信息内容，以及 CN 标识等内容。

② RNC 接收到 UE 的初始直传消息，通过 Iu 接口向 CN 发送 SCCP 连接请求消息 CR，消息数据为 RNC 向 CN 发送的初始 UE 消息 Initial UE Message，该消息包含 UE 发送到 CN 的消息内容。

③ 如果 CN 准备接受连接请求，则向 RNC 发回 SCCP 连接证实消息 Connection Confirm，表明 SCCP 连接建立成功。RNC 接收到该消息，确认信令连接建立成功。

④ 如果 CN 不能接受连接请求，则向 RNC 发回 SCCP 连接拒绝消息 Connection Refuse，SCCP 连接建立失败。RNC 接收到该消息，确认信令连接建立失败，则发起 RRC 释放过程。至此，初始直传过程结束。

上行直传：当 UE 需要在已存在的信令连接上向 CN 发送 NAS 消息时，将发起上行直传过程。信令流程描述如下。

① UE 向 RNC 发送上行直传消息 Uplink Direct Transfer，发起上行直传过程。消息中包含 NAS 消息、CN 标识等信息。

② RNC 按照消息中包含的 CN 标识进行路由，将其中包含的 NAS 信息内容，通过 Iu 接口的直传消息 DIRECT TRANSFER，发送到 CN。至此，上行直传过程结束。

下行直传：当 CN 需要在已存在的信令连接上向 UE 发送 NAS 消息时，发起下行直传过程。信令流程描述如下。

① CN 向 RNC 发送直传消息 Direct Transfer，发起下行直传过程，消息中包含 NAS 消息。

② UTRAN 通过下行 DCCH 信道采用 AM RLC 方式，发送下行直传消息 Downlink Direct Transfer，消息中携带 CN 发送到 UE 的 NAS 信息内容，以及 CN 标识。

③ UE 接收并读取下行直传消息 Downlink Direct Transfer 中携带的 NAS 消息内容。若接收到的消息包含协议错误，UE 将在上行 DCCH 上采用 AM RLC 方式发送 RRC 状态消息 RRC STATUS。下行直传过程结束。

（3）RAB 建立

CN 向 RNC 发送 RAB 指配请求消息 RAB Assignment Request，发起 RAB 建立过程，CN 响应 UE 的业务请求，要求 RNC 建立相应的无线接入承载，建立成功后，对方应答，双方通话。RAB 指用户面的承载，用于 UE 和 CN 之间传送语音、数据、多媒体等业务信息。UE 和 CN 之间的信令连接建立完成后，才能建立 RAB。RAB 建立是由 CN 发起，让 UTRAN 执行的功能。

根据 RAB 建立前 RRC 连接状态与 RAB 建立后 RRC 连接状态，可以将 RAB 的建立流程分成以下 3 种情况。

① DCH-DCH：RAB 建立前 RRC 使用 DCH，RAB 建立后 RRC 使用 DCH。

② CCH-DCH：RAB 建立前 RRC 使用 CCH，RAB 建立后 RRC 使用 DCH。

③ CCH-CCH：RAB 建立前 RRC 使用 CCH，RAB 建立后 RRC 使用 CCH。

根据无线链路重配置情况，RAB 建立流程又可分为两种情况：

① 同步重配置无线链路；

② 异步重配置无线链路。

二者的区别在于 Node B 与 UE 接收到 SRNC（Serving Radio Network Controller，服务 RNC）下发的配置消息后，能否立即启用新的配置参数。本文以 DCH-DCH 为例给出 RAB 同步建立流程，具体描述如下。

① CN 向 UTRAN 发送 RAB 指配请求消息 RAB Assignment Request，发起 RAB 建立过程。

② SRNC 接收到 RAB 建立请求后，将 RAB 的 QoS 参数映射为 AAL2 链路特性参数与无线资源特性参数，Iu 接口的 ALCAP 根据其中的 AAL2 链路特性参数发起 Iu 接口的用户面传输承载建立过程（对于 PS 域，本步不存在）。

③ SRNC 向所控制的 Node B 发送无线链路重配置准备消息 Radio Link Reconfiguration Prepare，请求所控制的 Node B 准备在已有的无线链路上增加一条（或多条）承载 RAB 的专用传输信道（DCH）。

④ Node B 分配相应的资源，然后向所属的 SRNC 发送无线链路重配置准备完成消息 Radio Link Reconfiguration Ready，通知 SRNC 无线链路重配置准备完成。

⑤ SRNC 中 Iub 接口的 ALCAP 发起 Iub 接口的用户面传输承载建立过程。Node B 与 SRNC 通过交换 DCH 帧协议的上/下行同步帧建立同步。

⑥ SRNC 向 UE 发送 RRC 协议的无线承载建立消息 Radio Bearer Setup。

⑦ SRNC 向所控制的 Node B 发送无线链路重配置执行消息 Radio Link Reconfiguration Commit。

⑧ UE 执行 RB 建立后，向 SRNC 发送无线承载建立完成消息 Radio Bearer Setup Complete。

⑨ SRNC 接收到无线承载建立完成的消息后，向 CN 回应 RAB 指配响应消息 RAB Assignment Response。至此，RAB 建立流程结束。

图 2-11 所示是典型的呼叫信令流程。

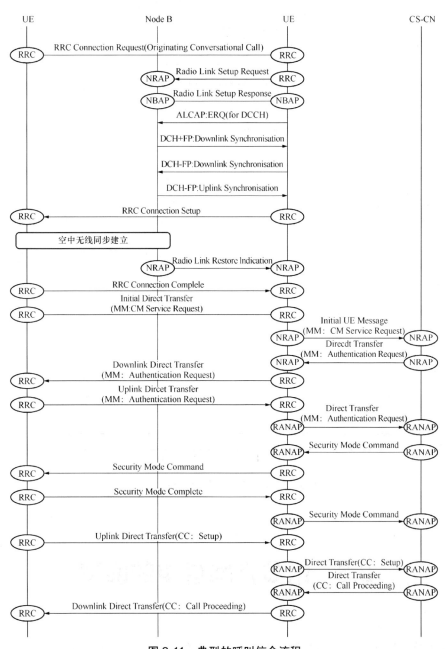

图 2-11　典型的呼叫信令流程

43

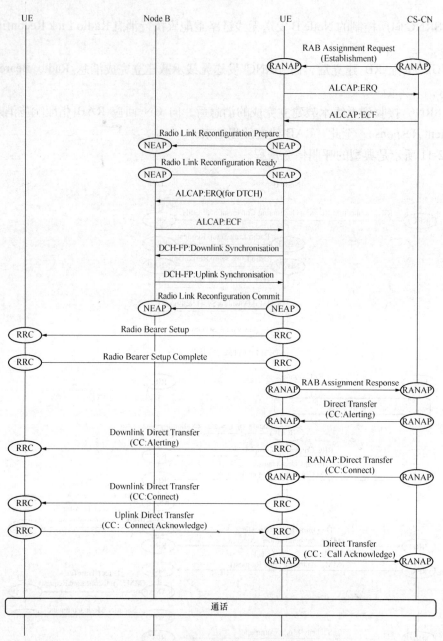

图 2-11 典型的呼叫信令流程（续）

2.6 信令在网优中的应用

对于网优工程师来说，从路测仪上可以直接看到 Uu 口的相关信令，因此需要重点把握 Uu 口信令。以下列举在 TD-SCDMA 网优工作中常见的失败案例,结合信令做简要的分析。

1. 起呼失败

起呼失败通常发生在弱场,也有因为干扰原因导致在强场的起呼成功率低的现象。

从路测仪上看到的一个完整的 Uu 口主叫信令流程(如图 2-12 所示),和从 RNC 侧看到的信令有对应关系。在分析问题时,需要两者结合共同定位。

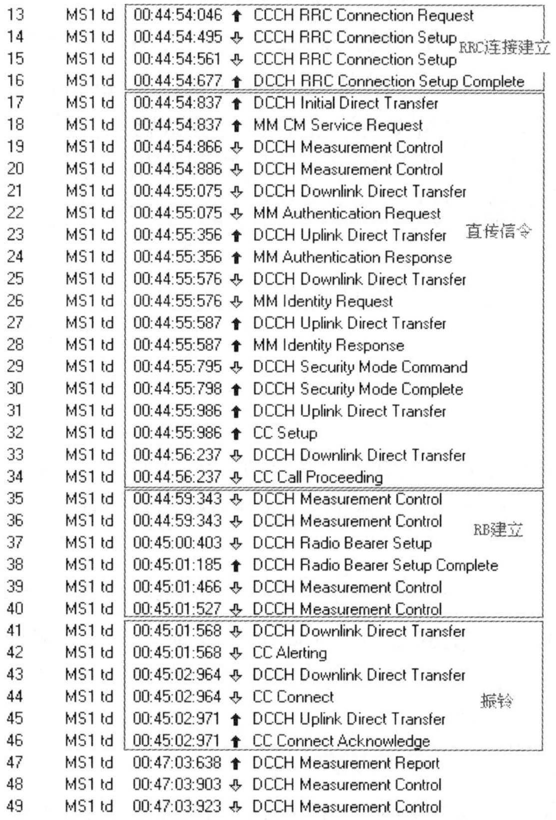

13	MS1 td	00:44:54:046	↑	CCCH RRC Connection Request	
14	MS1 td	00:44:54:495	↓	CCCH RRC Connection Setup	RRC连接建立
15	MS1 td	00:44:54:561	↓	CCCH RRC Connection Setup	
16	MS1 td	00:44:54:677	↑	DCCH RRC Connection Setup Complete	
17	MS1 td	00:44:54:837	↑	DCCH Initial Direct Transfer	
18	MS1 td	00:44:54:837	↑	MM CM Service Request	
19	MS1 td	00:44:54:866	↓	DCCH Measurement Control	
20	MS1 td	00:44:54:886	↓	DCCH Measurement Control	
21	MS1 td	00:44:55:075	↓	DCCH Downlink Direct Transfer	
22	MS1 td	00:44:55:075	↓	MM Authentication Request	
23	MS1 td	00:44:55:356	↑	DCCH Uplink Direct Transfer	直传信令
24	MS1 td	00:44:55:356	↑	MM Authentication Response	
25	MS1 td	00:44:55:576	↓	DCCH Downlink Direct Transfer	
26	MS1 td	00:44:55:576	↓	MM Identity Request	
27	MS1 td	00:44:55:587	↑	DCCH Uplink Direct Transfer	
28	MS1 td	00:44:55:587	↑	MM Identity Response	
29	MS1 td	00:44:55:795	↓	DCCH Security Mode Command	
30	MS1 td	00:44:55:798	↑	DCCH Security Mode Complete	
31	MS1 td	00:44:55:986	↑	DCCH Uplink Direct Transfer	
32	MS1 td	00:44:55:986	↑	CC Setup	
33	MS1 td	00:44:56:237	↓	DCCH Downlink Direct Transfer	
34	MS1 td	00:44:56:237	↓	CC Call Proceeding	
35	MS1 td	00:44:59:343	↓	DCCH Measurement Control	
36	MS1 td	00:44:59:343	↓	DCCH Measurement Control	RB建立
37	MS1 td	00:45:00:403	↓	DCCH Radio Bearer Setup	
38	MS1 td	00:45:01:185	↑	DCCH Radio Bearer Setup Complete	
39	MS1 td	00:45:01:466	↓	DCCH Measurement Control	
40	MS1 td	00:45:01:527	↓	DCCH Measurement Control	
41	MS1 td	00:45:01:568	↓	DCCH Downlink Direct Transfer	
42	MS1 td	00:45:01:568	↓	CC Alerting	
43	MS1 td	00:45:02:964	↓	DCCH Downlink Direct Transfer	
44	MS1 td	00:45:02:964	↓	CC Connect	振铃
45	MS1 td	00:45:02:971	↑	DCCH Uplink Direct Transfer	
46	MS1 td	00:45:02:971	↑	CC Connect Acknowledge	
47	MS1 td	00:47:03:638	↑	DCCH Measurement Report	
48	MS1 td	00:47:03:903	↓	DCCH Measurement Control	
49	MS1 td	00:47:03:923	↓	DCCH Measurement Control	

图 2-12 路测仪上的信令流程

在试验网优化测试中,重点关注 RRC 建立过程、RB 建立的过程。呼叫失败的大部分现象都是系统侧收不到任何信令,如 RRC 建立请求收不到等。由于 RB 建立是个很大的信令,常见的异常信令就发生在这里,RB 建立超时,导致起呼失败,通常是由于无线链路在此时恶化,系统收不到终端上发的 RB 建立完成信令引发的。在不使用信令切换和高速信令机制时,70%的起呼失败原因都在此。而在引入信令切换和高速信令后,RB 超时的现象明显减少,但是出现了一种新的失败原因:RB Setup 失败。

2. 切换掉话

切换掉话也是网优工作的重点之一。

通过试验网测试,在切换过程中,常常会出现以下几种异常信令情况:

(1)终端上报测量报告,但是由于上行信道质量不好或失步,导致 RNC 收不到测量报告,使得服务小区一直发测量报告,且服务小区信号已经很差的情况下,却不能发起切换;

(2) RNC 接收到测量报告，但由于下行失步，导致随后下发的测量控制 UE 不能收到，UE 同样不停发测量报告，却不能发起切换；

(3) UE 由于和原小区失步，收不到原小区 DCH 数据，即收不到物理信道重配置信令，导致无法切换；

(4) UE 在原小区能够保持同步，但无法正确解析物理信道重配置命令，UE 试图发送 Cell Update，但功率已经不足，导致基站无法解析；

(5) UE 收到物理信道重配置消息，却无法在新小区建立上行同步，导致帧定时跟踪出现问题，这样 UE 无法在目标小区正确收发，正常情况下此时会回到原小区发物理信道重配置失败，若此时原小区失步的话，则无法回滚，导致物理信道重配置超时；

(6) UE 收到物理信道重配置消息，由于原小区或周围邻小区对目标小区的下行信号有干扰，导致 UE 无法正确解析目标小区的下行信号，导致不能与目标小区建立同步，而引发物理信道重配置超时；

(7) UE 已向目标 Node B 发送物理信道重配置完成信令，但是由于目标小区 Node B 底噪过高，或此时多部 UE 位于小区边缘，且上行发射功率都被抬升的比较高，导致产生较大的上行时隙干扰，使得目标小区 Node B 无法正确解析重配置完成的信令，而引发物理信道重配置超时。

切换时的异常信令需要结合路测仪和 RNC 后台共同分析原因，一起定位问题，到底是上行失步还是下行失步、物理信道重配置终端是否有收到、物理信道重配置超时原因是什么等。

例如，图 2-13 所示的异常信令流程。出现这样的信令情况，需要综合考虑测量报告中 UE 测到的服务小区和邻小区的强度值、定时器的设定等。从 RNC 侧信令看到 RNC 已经从原小区下发了物理信道重配置信令，但是 UE 是否已经收到，需要在路测仪端确认；此外，从信令可以看出，Cell Update 信令 UE 上报的太晚了，如果在原小区上报，原小区的无线链路已经很差，很难完成小区更新的流程；如果在目标小区上报（如图 2-13 所示），RNC 已经将目标小区的无线链路删除，导致无法完成小区更新的流程，即便没有删除，一般为目标小区的信号载干比不够，很难正确解析。

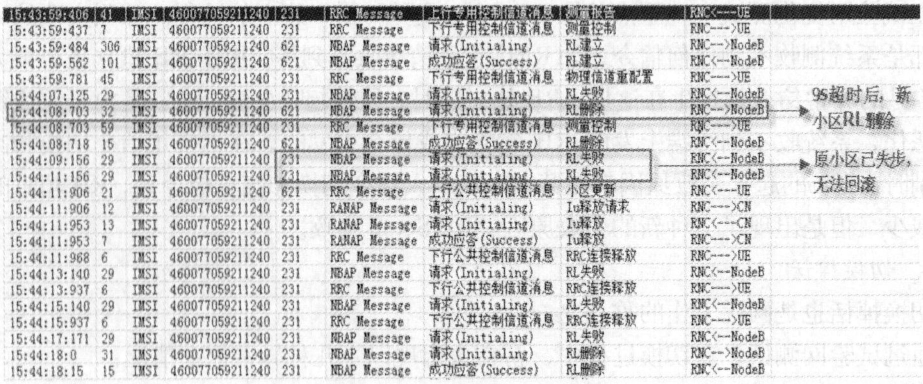

15:43:59:406	41	IMSI	460077059211240	231	RRC Message	上行专用控制信道消息	测量报告	RNC<---UE
15:43:59:437	7	IMSI	460077059211240	231	RRC Message	下行专用控制信道消息	测量控制	RNC--->UE
15:43:59:484	306	IMSI	460077059211240	621	NBAP Message	请求(Initialing)	RL建立	RNC-->NodeB
15:43:59:562	101	IMSI	460077059211240	621	NBAP Message	成功应答(Success)	RL建立	RNC<--NodeB
15:43:59:781	45	IMSI	460077059211240	231	RRC Message	下行专用控制信道消息	物理信道重配置	RNC--->UE
15:44:07:125	29	IMSI	460077059211240	231	NBAP Message	请求(Initialing)	RL失败	RNC<--NodeB
15:44:08:703	32	IMSI	460077059211240	621	NBAP Message	请求(Initialing)	RL删除	RNC-->NodeB
15:44:08:703	59	IMSI	460077059211240	231	RRC Message	下行专用控制信道消息	测量控制	RNC--->UE
15:44:08:718	15	IMSI	460077059211240	621	NBAP Message	成功应答(Success)	RL删除	RNC<--NodeB
15:44:09:156	29	IMSI	460077059211240	231	NBAP Message	请求(Initialing)	RL失败	RNC<--NodeB
15:44:11:156	29	IMSI	460077059211240	231	NBAP Message	请求(Initialing)	RL失败	RNC<--NodeB
15:44:11:906	21	IMSI	460077059211240	621	RRC Message	上行公共控制信道消息	小区更新	RNC<---UE
15:44:11:906	12	IMSI	460077059211240	231	RANAP Message	请求(Initialing)	Iu释放请求	RNC--->CN
15:44:11:953	13	IMSI	460077059211240	231	RANAP Message	请求(Initialing)	Iu释放	RNC<---CN
15:44:11:953	7	IMSI	460077059211240	231	RANAP Message	成功应答(Success)	Iu释放	RNC--->CN
15:44:11:968	6	IMSI	460077059211240	231	RRC Message	下行公共控制信道消息	RRC连接释放	RNC--->UE
15:44:13:140	29	IMSI	460077059211240	231	NBAP Message	请求(Initialing)	RL失败	RNC<--NodeB
15:44:13:937	6	IMSI	460077059211240	231	RRC Message	下行公共控制信道消息	RRC连接释放	RNC--->UE
15:44:15:140	29	IMSI	460077059211240	231	NBAP Message	请求(Initialing)	RL失败	RNC<--NodeB
15:44:15:937	6	IMSI	460077059211240	231	RRC Message	下行公共控制信道消息	RRC连接释放	RNC--->UE
15:44:17:171	29	IMSI	460077059211240	231	NBAP Message	请求(Initialing)	RL失败	RNC<--NodeB
15:44:18:0	31	IMSI	460077059211240	231	NBAP Message	请求(Initialing)	RL删除	RNC-->NodeB
15:44:18:15	15	IMSI	460077059211240	231	NBAP Message	成功应答(Success)	RL删除	RNC<--NodeB

图 2-13　异常信令流程

第 3 章 TD-SCDMA 无线网络优化

3.1 TD-SCDMA 无线网络优化概论

3.1.1 TD-SCDMA 无线网络优化的意义

移动通信网络的运营效率和运营收益最终归结于网络质量与网络容量问题，这些问题直接体现在用户与运营商之间的接口上，这正是网络规划和优化所关注的领域。由于无线传播环境的复杂多变以及 3G 网络本身的特性，TD-SCDMA 网络优化工作将成为网络运营商极为关注的日常核心工作之一。

众所周知，网络优化是一项复杂艰巨而又意义深远的工作。作为一种全新的 3G 技术，TD-SCDMA 网络优化工作内容与其他标准体系网络的优化工作既有相同点又有不同点。相同的是，网络优化的工作目的都是相同的，步骤也相似；不同的是，具体的优化方法、优化对象和优化参数。

与其他制式网络相同，TD-SCDMA 网络也会经历规划、优化的阶段，并且 TD-SCDMA 的网络优化在网络建设、运维中的重要性是非常大的。通过网络优化可以优化网络规划的结果，规避由网络规划不准确带来的一些弊端，使网络性能全面提高，并且同时指导下一阶段的网络规划工作。

1. 无线网络优化概述

移动通信网是一个不断变化的网络，网络结构、无线环境、用户分布和使用行为都在不断地变化，需要持续不断地对网络进行优化调整以适应各种变化。无线网络优化是一个长期的过程，它贯穿于网络发展的全过程。只有不断地提高网络质量，才能让用户满意，吸引和发展更多的用户。

所谓无线网络优化，就是根据系统的实际表现和实际性能，对系统进行分析，在分析的基础上，通过对网络资源和系统参数的调整，使系统性能逐步得到改善，达到系统现有配置条件下的最优服务质量。

2. 无线网络优化的基本原则

TD-SCDMA 无线网络优化的基本原则是在一定的成本下，在满足网络服务质量的前提下，建设一个容量和覆盖范围都尽可能大的无线网络，并适应未来网络发展和扩容的要求。

3. 无线网络优化的工作思路

TD-SCDMA 无线网络优化的工作思路是首先做好覆盖优化，在覆盖能够保证的基础上进行业务性能优化最后过渡到整体性能优化阶段。

实现方式主要包括以下几个方面。

① 最佳的系统覆盖：尽可能利用有限的资源实现最优的覆盖。

② 合理的切换带的控制：通过调整切换参数，使切换带的分布趋于合理。

③ 系统干扰最小：通过物理优化调整天线挂高、方位角、下倾角等，合理控制无线覆盖范围，降低系统干扰；调整外环和内环功率控制参数，降低系统干扰；调整各种业务的初始功率参数，降低业务初始建立时产生的干扰；调整慢速 DCA 的参数，尽可能地将干扰影响最小化。

④ 均匀合理的基站负荷：通过调整基站的覆盖范围，合理控制基站的负荷，使其负荷尽量均匀。

4. 无线网络优化的主要工作

无线网络优化的主要工作是提高网络的性能指标，包括以下几个方面。

(1) 容量指标：反映容量的指标是上/下行负载。

(2) 覆盖指标：反映覆盖的指标有 PCCPCH 强度、接收功率、发送功率和覆盖里程比等。覆盖的问题主要有无覆盖、越区覆盖、无主覆盖等，覆盖问题容易导致掉话和接入失败，是优化的重点。

(3) 业务质量指标：对于语音业务，反映业务质量的指标是误帧率；对于数据业务，反映业务质量的指标主要是吞吐率和时延。

(4) 接入指标：反映接入的指标是业务接入完成率。导致接入失败的主要原因有无覆盖、越区覆盖、临区列表不合理以及协议不完善等。

(5) 成功率指标：反映成功率指标的参数是业务的无线接通率。

(6) 切换指标：反映切换指标的参数是切换成功率。

5. 无线网络优化的主要内容

一切可能影响网络性能的因素都属于无线网络优化的工作范畴，主要内容包括以下几个方面。

(1) 设备排障。

(2) 提高网络运行指标：无线接通率、话务掉话比、掉话率、最坏小区比例、切换成功率、阻塞率等。

(3) 解决用户投诉，提高通信质量。

(4) 均衡网络负荷及话务量：网内各小区之间话务量均衡、信令负荷均衡、设备负荷均衡和链路负荷均衡等。

(5) 合理调整网络资源：提高设备利用率、提高频谱利用率和每信道话务量等。

(6) 建立和长期维护网络优化平台：建立和维护网络优化数据库。

6. 无线网络优化流程 – 两个阶段

(1) 商用前优化（初级优化-Initial Tuning）

① 网络特点

- 初期部署阶段或扩容
- 无话务量（部署阶段）
- 统计数据不足（部署和扩容阶段）

　② 优化内容
- 单站验证
- 覆盖控制
- 邻区列表

　③ 优化方式
- 路测
- 物理优化

（2）商用后优化（高级优化-KPI Acceptance）

　① 网络特点
- 商业运营，承载话务量，有统计数据

　② 优化内容
- KPI
- 最差小区或区域
- 热点问题
- 提高系统资源利用率

　③ 优化方式
- 话务统计数据，路测
- 参数优化，物理优化

3.1.2　网络优化应用

1. 网络覆盖分析

测量并分析 PCCPCH 信道的 RSCP、C/I 等指标，输出轨迹地图，获得网络最强覆盖及信号强度，不同于测试手机的主服务小区信号覆盖图，利用扫频仪测试到的最强信号覆盖图，可以真实反映测量点的最强信号（TOP-1）覆盖情况。

2. 邻小区丢失分析

测量并分析 PCCPCH 信道的 C/I、RSCP 指标，得到当前扫描到的有效小区列表，结合BCH 中包含的邻小区配置信息，输出显示出现邻小区丢失情况的测试点。

3. 导频污染分析

测量并分析 PCCPCH 信道的 C/I、 RSCP 指标，根据用户自定义最强导频信号和最弱导频信号 RSCP 之差的门限值，以及用户自定义有效导频信号的个数，可以输出显示出现导频污染的测试点。

4. 单小区覆盖分析

测量并分析指定小区 PCCPCH 信道的 C/I、RSCP 指标结合测试点，结合指定基站的地理位置，输出单小区覆盖轨迹地图并可以得到小区的最远覆盖范围。

5. 小区切换带分析

测量并分析指定切换带区域（路口、广场）内，所有服务小区和邻小区 PCCPCH 信道的 C/I、RSCP 指标，可以判断小区切换带是否达到网络规划预期目标。

3.1.3　TD-SCDMA 无线网络优化与规划设计的关系

网络规划的特点在于通过一系列科学的、严谨的流程来获得具体的网络建设规模、网络建设参数等，这些输出将用于直接指导网络建设。网络规划的结果将直接影响未来的网络优化的工作，网络规划的质量也可以通过后期网络优化的工作量来反映。网络优化在更好地提高网络性能的同时，也会弥补网络规划带来的不足，同时当地网络优化经验的积累也会为下一阶段该地区的网络规划工作提供非常重要的依据。图 3-1 指示了网络规划工具与优化工具在网络优化中的联系。

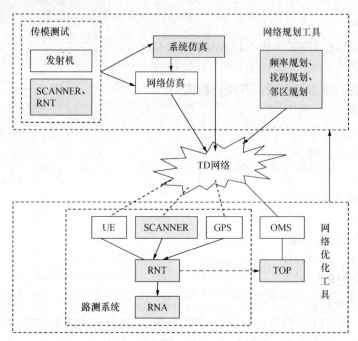

图 3-1 TD-SCDMA 无线网络规划与优化关系图

3.2 TD-SCDMA 无线网络优化原则

3.2.1 TD-SCDMA 无线网络优化原则

移动网络规划和优化的基本原则是在一定的成本下，在满足网络服务质量的前提下，建设一个容量和覆盖范围都尽可能大的无线网络，并适应未来网络发展和扩容的要求。无线网络优化的目的就是对投入运营的网络进行参数采集、数据分析，找出影响网络质量的原因，通过技术手段或参数调整，使网络达到最佳运行状态的方法，使网络资源获得最佳效益，同时了解网络的发展趋势，为扩容提供依据。

3.2.2 TD-SCDMA 无线网络优化分类

按照整个网络的生命周期，网络规划设计完成后，在网络建设和开通过程中，进入网络优化阶段。依据优化实施的时间段、工作目标和工作内容，将优化分为工程优化和运维优化。对于工程优化，根据站点的开通状态和数量及分析情况，又可以分为单站优化、簇优化和网络优化 3 个阶段。

1. 工程优化和运维优化

工程优化又称为放号前的优化，是指在网络建设完成后、放号前进行的网络优化。工程优化的主要目标是让网络能够正常工作，同时保证网络达到规划的覆盖及干扰目标。网络开通前优化工作主要包括 3 个部分：单站优化、簇优化、区域（全网）优化。

运维优化又称为放号后的优化，是指在网络运营期间，通过优化手段来改善网络质量，提高客户满意度。放号后的优化工作不仅仅是确保网络运行正常，提升网络性能指标，更重要的是发现网络潜在的问题，为下一步网络的变化提前做好分析工作。这包括网络话务负荷变动、话务负荷均衡、资源利用率等。

放号前优化缺少用户投诉数据和大量用户的 OMC 数据，开通后，这些被屏蔽的问题都会暴露出来。因此在放号后，网络优化重点关注的内容有所变化，网络优化的手段也有了不同，OMC 数据、告警数据、用户投诉数据将会成为网络优化的重点参考输入。工程优化和运维优化的主要区别如表 3-1 所示。

表 3-1　　　　　　　　　　　工程优化和运维优化的主要区别

	工程优化	运维优化
所处阶段	商用放号前	商用放号后
网络负载	基本上空载	用户容量逐渐增加
优化目标	让网络达到商用放号的覆盖和质量要求	确保网络运行正常，提升网络性能指标，发现网络潜在的问题，为下一步网络的变化提前做好分析工作
优化重点	改善无线覆盖	提升网管 KPI 性能指标
优化方法	以全网性的 DT 和 CQT 为主	以网管性能指标监控和分析为主，辅以针对性的 DT 和 CQT

2. 单站优化、簇优化和网络优化

单站优化又称为单站验证，是很重要的一个阶段，需要完成包括各个站点设备功能的自检测试，其目的是在簇优化前，保证优化区域中的各个站点、各个小区的基本功能（如接入、通话等）、基站信号覆盖均是正常的。通过单站验证，可以将网络优化中需要解决的因为网络覆盖原因造成的掉话、接入等问题与设备功能性掉话、接入等问题分离开来，有利于后期问题定位和问题解决，提高网络优化效率。通过单站验证，还可以熟悉优化区域内的站点位置、配置、周围无线环境等信息，为下一步的优化打下基础。

基站簇优化是指按照一定的簇划分原则，将网络覆盖区域划分为小的基站簇，当簇内已开通并通过单站验证 80%以上的基站时，开始基站簇区域的优化。主要的工作内容是在单站验证的基础上，对簇覆盖区域的覆盖、干扰、邻区、导频污染、掉话等问题进行测试和分析优化。

网络（区域）优化是在簇优化完成的基础上，对更大区域（RNC）或者全网进行进一步综合优化，主要的目的是优化簇边界、RNC 边界、网络边界（2G/3G）及全网络性能，关注的内容与簇优化基本相同，都是进一步优化和提升网络性能。

3.3 TD-SCDMA 无线网络优化流程

3.3.1 TD-SCDMA 网络优化步骤

TD-SCDMA 无线网络优化的步骤可以用图 3-2 所示的流程图说明。

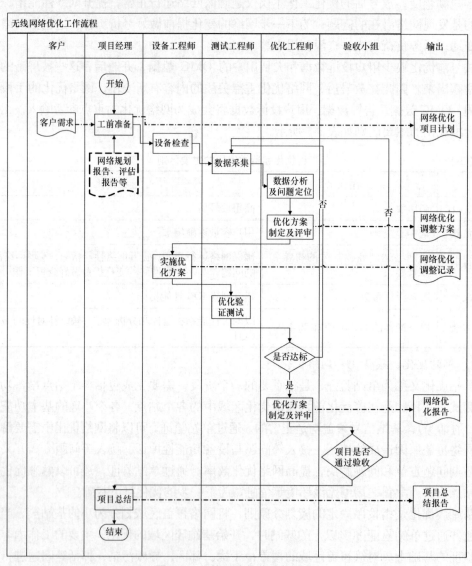

图 3-2 无线网络优化工作流程

3.3.2 设备检查

1. 工作描述

目的：确保设备工作正常，避免因设备故障问题影响整体网络性能。

负责人：设备工程师。

输出：《单站抽检报告》。

工作内容：此工作在工程优化阶段进行，对于运维优化，后台采集的丰富数据已经可以反映出基站的工作状态了。

网络优化启动之前，所有站点应该已经完成检查，应能保证工作正常；但实际项目中存在由于单站检查不严或没有检查，导致某些基站工作不正常的情况，影响后续优化工作的开展；为了保证网络优化工作有序执行，有必要对单站进行抽检。单站抽检需要完成以下工作。

(1) 先根据项目规模及网络情况，选择准备抽检的站点，一般按大约 20% 的比例选择，同时要求抽检的站点包括各种站型、各种区域，抽检站点确定后，制订检查计划。

(2) 按计划对选择的站点进行检查，对于存在问题的站点，提出需要整改的信息。

(3) 所有抽检站点检查完成后，如果有 20% 以上存在问题，则需要对没有抽检的其余站点进行复检；如果没有问题，跳过复检。

(4) 根据单站检查情况撰写《单站抽检情况报告》，进行故障排除。

2. 检查内容

(1) 告警及天馈系统检查：小区状态检查、天线校正、功率校准、经纬度、扇区、方位角、下倾角、驻波比等。

(2) 无线参数检查：小区最大下行发射功率 MaxDlTxPwr、PCCPCH 发射功率、DwPTS 发射功率、SCCPCH 发射功率、FACH 最大发射功率、上行最大允许发射功率、下行 DPCH 最大发射功率、DPCH 初始发射功率、下行 DPCH 最小发射功率、上行 PCCPCHPupPCH 功率、网络侧期望在 DPCH 上接收到的 UE 的发射功率、切换测量启动门限 RSCP_DL_DROP、相邻小区检测门限 RSCP_DL_ADD、切换滞后量 RSCP_DL_COMP 和时间滞后量 T2、切换开关、Hom、小区选择/小区重选、下行最小接入门限 Q_RxLevMin、同频小区重选的测量触发门限、频间小区重选的测量触发门限、服务小区重选迟滞和小区个体偏移、小区重选定时器长度、小区状态指示、小区接入禁止时间、IMSI 去分离指示、小区配置、小区识别码、小区参数标识、邻区检查等。

(3) 单站点功能检查包括以下两项。

① CS 域业务：覆盖率、接通率、掉话率、质差通话率、呼叫建立时间、扇区间切换。

② PS 域业务：附着成功率、PDP 上下文激活成功率、PDP 上下文平均激活时间、通信中断率、上/下行平均传输速率、扇区间切换。

3.3.3　数据采集

1. 工作描述

目的：采集网络数据，以便分析和定位问题。

负责人：测试工程师。

输出：所有采集数据。

工作内容：DT 和 CQT 数据采集、OMC 数据采集、用户投诉数据收集、告警数据采集、信令跟踪数据采集。

2. DT 数据采集分析

该测试主要是了解系统的下行覆盖，了解网络中的各个站点 PCCPCH RSCP 覆盖范围，以及可以提供不同速率业务的对应区域。按照 TD-SCDMA 网络优化的流程，首先需要定位 PCCPCH 的覆盖问题，在此基础上再定位和解决业务的性能问题：

（1）可以通过路测了解整个覆盖区域的信号覆盖状况，并用路测数据分析软件统计出总体的覆盖效果，对网络进行整体覆盖评估，看是否达到规划设计要求的覆盖率；

（2）通过分析软件对路测数据的处理，哪些区域信号覆盖质量好，哪些区域信号覆盖质量差，一目了然，清楚直观，有利于从整体上把握优化调整方案；

（3）可以准确记录在路测过程中各个事件（呼叫、切换、掉话等）发生时的实际信号状况，以及对应的地理位置信息，有利于具体问题具体分析；

（4）在路测过程中，可以直接观察覆盖区域的地物、地貌信息，了解信号的实际传播环境，结合路测数据，得出客观的信号覆盖评价判断；

（5）身临其境地体验终端用户感受，为定位问题获取直接资料。

DT 数据采集的不足之处在于：

（1）缺乏 OMC 话务统计数据的信息；

（2）比较局限于从无线侧了解网络情况。

RF 优化阶段不用进行细致的专项业务测试，可以通过下面的方法掌握网络覆盖情况。测试使用专业的路测工具（该路测工具需要具备地图匹配功能，以便后期进行数据分析），采用 TD-SCDMA 专业路测软件获取网络性能信息，该软件可以采集网络的覆盖指标、性能指标，并且具备 Uu 口协议的分析功能。图 3-3 所示的是路测软件的连接方式。

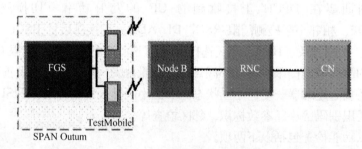

图 3-3 路测软件连接方式

3. 路测工具的准备

开始路测前需要准备路测车辆、路测设备、测试 UE、笔记本电脑、GPS、指南针、数码相机、纸质地图、mapinfo 格式数字地图、相关处理软件等。

（1）基站簇覆盖测试

测试时需要记录无线参数设置和各项工程参数，以便与后期的测试结果做对比；设计测试路线，注意划分基站簇的覆盖范围，清晰区分覆盖边界；详细记录 PCCPCH RSCP 和 C/I 值的分布。

（2）全网覆盖测试

全网覆盖测试工作量较大，测试中出现的情况比较复杂，因此测试需要充分准备。做好路线设计，争取遍历覆盖范围内每一个小区。另外，避免出现重复测试某一个小区的现象，详细记录 PCCPCH RSCP 和 C/I 值的分布。分析测试数据，对网络覆盖水平做出判定，找出存在问题的区域并进行问题定位。

4. CQT 数据采集

CQT 拨打测试是针对系统的部分 KPI 指标进行测试验证的重要环节。

通常 CS 域业务 CQT 测试评估项目包括呼叫成功率、掉话率、质差通话率和平均呼叫时延；PS 域业务 CQT 测试评估项目包括附着成功率、PDP 上下文激活成功率、PDP 上下文平均激活时间、通信中断率、下行平均传输速率、上行平均传输速率。

进行拨打测试要特别注意测试点的选取，室内、室外测试点比例在 8∶2 左右。室内尽量选择有覆盖规划保障的点；对于安装了微蜂窝，或者安装了室内分布系统的地方，需要优先考虑作为测试点。

（1）负载选择

在相同的负载条件和采用相同的呼叫方式情况下，网络评估之间才具有可比性。因此，首先要明确网络数据采集的参数选择。不同优化阶段进行的路测数据采集对负载的要求如表 3-2 所示。

表 3-2　　　　　　　　　　　路测数据采集对负载的需求

	工程优化阶段		运维优化阶段	
	网络负荷	对应时间段	网络负荷	对应时间段
负载选择	无载（或轻载）	9:00～21:00	忙时	9:00～10:00
	有载（即模拟加载）	9:00～21:00	有载（即模拟加载）	00:00～5:00

（2）呼叫方式选择

CQT 测试分为长时间保持和短呼测试。每种测试又分为在模拟加载和真实加载的情况下进行。测试过程中，要选择近场、中场和远场。从呼叫时间来分，呼叫方式可以分为呼叫保持和短呼。

连续长时呼叫测试需要将呼叫保持时间设置为最大值，发起呼叫后在覆盖区内连续测试，如果出现掉话，自动重呼。连续长时呼叫测试可以用来测试掉话率、切换成功率、数据业务的速率等网络性能参数，更多体现在系统切换方面的性能。周期性呼叫测试通过将呼叫建立时间、呼叫保持时间和呼叫间隔时间设置为一组固定的值，周期性地发起呼叫来测试网络性能。周期性呼叫测试更能反映系统的处理能力，可以用来测试接通率、掉话率等网络性能参数。

5. OMC 数据采集

OMC 数据采集为海量数据采集，适用于运维优化阶段，可使用系统默认的报表统计，也可自定义查询，按照时间段采集所需计数器的值进行统计。

6. 用户投诉数据采集

适用于运维优化阶段。由于用户申诉都来自切身感受，并且带有网络问题描述和地理信息，需要认真对待。可将申诉数据分类后统一处理。

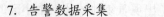

7. 告警数据采集

OMC 机房均安装有设备告警箱，必须及时响应告警信息。

8. 信令跟踪数据采集

信令跟踪是优化过程中常用的手段，手机侧和 RNC 侧均可进行信令跟踪和采集。手机侧采集空口信令，RNC 侧采集的信令更全，可以根据需要设置为跟踪 RNC 下的多个用户、单个用户或跟踪某小区的用户。使用专门的信令跟踪工具来进行跟踪分析。根据信令消息和 DT 及 CQT 测试定位问题。

3.3.4 数据分析及问题定位

1. 工作描述

目的：通过分析测试数据，对优化前的网络进行评估。主要用于发现网络中存在的问题，为下一阶段的网络优化提供指导。

负责人：优化工程师。

输入：所有采集数据、设备检查清单。

输出：数据分析报告，问题定位结果。

工作内容：DT、CQT 数据分析，OMC 性能统计数据分析，告警数据分析，信令分析。

（1）DT 数据分析

对通过信号接收机和测试手机采集到的网络数据进行分析，可以在地图上直观地看到当前网络的信号强度与信号质量、各基站分布及小区覆盖范围、干扰及 PCCPCH 污染等信息。通常需要完成单基站、基站簇以及全网的 PCCPCH RSCP 分布图、PCCPCH C/I 分布图。对于掉话、切换故障或服务质量不好等区域，可以利用专用优化分析软件提供的数据回放及查询统计功能进行进一步分析。

考察网络覆盖情况判定的工作内容主要有以下几点。

① PCCPCH 合理性分布定位。每个小区都有一定的覆盖范围，通过测试结果，可以看到主导小区的覆盖情况。一个良好覆盖的网络需要每个小区都有一个均衡合理的覆盖范围（特殊场景除外）。通过观察主导小区分布图，判断整个网络小区的大致覆盖情况，然后对问题进行细化。

② PCCPCH 污染现象判断。当某地出现多个小区覆盖，并且信号强度都较高，导致 C/I 偏低，并且 UE 在其中频繁重选，即可进入导频污染的问题解决流程。

③ 弱覆盖。在测试路线上，主导小区的信号较弱，并且邻区信号也较弱，需要加强该区域覆盖。

④ 邻区关系。由于邻区关系配置不当引起的主导小区信号异常。

⑤ C/I 的异常。PCCPCH 污染、弱覆盖、邻区关系设置不当、频点规划等都会引起 C/I 的变化。

（2）CQT 数据分析

用优化分析软件对 CQT 数据进行分析，主要得到呼叫成功率、切换成功率、呼叫时延、掉话率、数据业务平均速率等指标。对全网故障点进行分析，获取网络性能直观印象，力争找到故障点出现的规律，打开解决问题的思路。

（3）OMC 性能统计数据分析

正式运营的网络才会有海量数据，用于运维优化分析。通过对 OMC 性能统计数据的分析，不仅能获得各小区、基站和网络的各项性能统计指标，而且还可以基本找出网络大致存在的问题，再结合针对性的路测、拨打测试和信令分析，就可以找到问题的解决方法。OMC 性能统计数据分析可得到无线网络一般性能指标 GPI 和关键性能指标 KPI，这些指标都是评估网络性能的重要参考。

（4）用户申诉数据分析

用户申诉可以直接反映问题表现和地理位置信息，适用于运维优化阶段的数据分析过程。对于用户申诉信息，由于用户描述问题的多样性和表达方式的差异，问题可能不仅仅出在基站侧，往往还涉及传输系统、计费系统等。因此需要详细加以辨别，找出能够真正反映网络情况的信息。

（5）信令性能分析

通过 CQT 测试，配合 Uu 口和 Iub 口的信令跟踪以及路测数据，进行问题的定位。图 3-4 所示是某地 TD-SCDMA 各种故障信令的分析汇总，从中可以看出各种信令占据故障信令的比例。

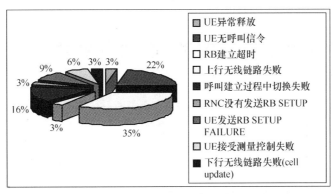

图 3-4 典型故障信令示意图

由信号的弱场导致切换失败，在信令上反映为 UE 没有上报物理信道重配完成，RB 重配超时等。由干扰等原因导致掉话，则从信令上反映为 RL 失败等现象。

各种数据分析方法不是相互独立的，需要注意相互之间的关联。如 DT/CQT 数据都是从网络中直接测量得到的，分析时可能要结合 OMC-R 的配置参数或 OMC-B 观察到的 RTWP 等信息。

2. 常用数据分析方法

优化常用的分析方法有多维分析、趋势分析、意外分析、比较分析、排名分析、原因和影响分析等。

（1）多维分析

"维"是指处理问题的着眼点和解决问题的方向，多维分析就是从多个不同的角度及其组合来分析数据。如遇到掉话问题，不能仅仅关注掉话，因为可能引起掉话的原因很多，还应同时关注接入、切换等问题。

（2）趋势分析

从时间序列分析随时间的变化趋势，找出其规律，如图 3-5 所示。

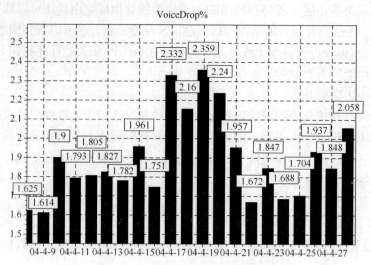

图 3-5　掉话率随时间的变化趋势图

（3）意外分析

从大量数据中找出过高、过低、变化幅度过大等异常情况数据，并进一步进行影响原因的数据挖掘，如图 3-6 所示。

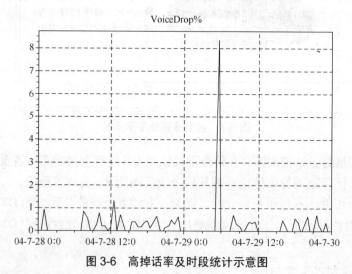

图 3-6　高掉话率及时段统计示意图

掉话率异常高，需要关注该时段是否存在问题。

（4）比较分析

从相同的角度去对不同数据集合进行对比，找出差异所在，并进一步深入挖掘差异原因，一般在信令流程分析中使用较多。

（5）排名分析

从大量数据中找出按某种分类方法的最高或最低数据，这些数据需要特别关注，如常用的最坏小区法。

(6) 原因和影响分析

对于已产生的某个特定结果，从大量数据中挖掘出影响因素，并且分析不同因素或组合的重要程度。如小区呼叫阻塞，原因可能是硬件容量不足、下行链路容量不足或上行链路容量不足，需要仔细进行分析。

每种方法都有其分析问题的针对性和局限性。要具体定位设备问题、参数配置问题（工程参数和无线参数）以及网络资源利用率等问题，依靠单一的分析手段是很难做到的，以上的各种分析方法要结合使用。

3. 网络问题定位

根据在无线网络中的位置，网络问题通常被界定在 3 个层次：设备层、网络层和资源利用率层。各层次最可能出现的问题如表 3-3 所示。

表 3-3　　　　　　　　　　　常见网络问题分类

	设备层	网络层	资源利用率层
问题类型	天馈故障	邻区少配	网络拥塞
	传输故障	公共信道功率，无线参数等分配	
	基本参数配置不当	掉话，呼叫、接入切换失败等	
	单板故障	干扰抬升	

通过数据分析掌握网络的覆盖、干扰等基本情况，掌握网络的接入成功率、掉话率、切换成功率等运营性能质量情况，掌握最坏小区比例、小区码资源可用率等网络资源利用情况，结合各种分析方法进行问题定位。

3.3.5　优化前网络评估

评估用于发现网络中存在的问题，为下一阶段的网络优化提供指导，也便于进行网络优化前后的性能对比。工程优化前的评估主要是获取部分 KPI 值：覆盖率、呼叫成功率、呼叫时延、掉话率、切换成功率、数据业务平均速率等。运维优化前的评估还应包括系统资源利用率、最好（最差）小区比例、忙（闲）小区比例等指标。

3.3.6　优化方案制定及评审

目的：通过网络性能评估、数据分析及问题定位，制订和实施优化方案。

工作内容：

(1) 根据数据分析和问题定位，制订相应的处理措施，汇总出网络优化调整方案；

(2) 协同项目组所有成员或指定人员对调整方案进行评审，避免或调整不当操作。

3.3.7　优化方案实施

1. 工作描述

目的：根据网络优化方案进行网络优化实施。

工作内容：执行网络优化方案中的各项要求，并根据实际情况记录实施结果及必要的过程。

2. 注意事项

千辛万苦做出的优化方案，如何准确实施？优化后的效果不理想，或是比原来的性能更差怎么办？参照下面的注意事项解决这些问题。

（1）需要设备工程师操作的，依照《优化调整方案》的内容，整理出符合习惯的调整单，以邮件方式发给设备工程师，并抄送给项目经理、自己及相关人员。调整项目务必明确，如 1011 小区增加邻区，新增邻区 ID=1042。

（2）路测过程中直接打电话到 OMC 机房执行的调整，要准确记录下来。

（3）需要第三方操作的，如工程队调整天线，需形成正规调整表格并打印一式 3 份，工程队、项目经理、自己各执一份。

（4）提前打电话预约工程队。

（5）优化方案实施后及时验证效果。

（6）必要时可以恢复至调整前的状态。

3.3.8 优化方案验证

1. 工作描述

目的：在网络优化方案实施完成后，通过各项测试验证优化方案的实施效果。

输入：优化调整记录、调整前网络性能数据。

输出：调整前后网络性能对比数据。

工作内容：

（1）在实施优化方案后，根据要求针对性地实施数据采集步骤，并对调整前后的数据进行对比分析；为保证验证效果的准确性，尽可能选择相同网络环境作测试对比。

（2）根据调整前后网络性能数据对比，确定网络问题是否解决或者网络性能是否满足要求；如果不能满足要求，返回数据采集步骤重复整个过程。

2. 注意事项

采取下面的方法保证优化前后路测条件的一致性。

（1）优化前后尽量采用同一个测试工具，采用同样的参数设置。

（2）优化前后采用相同的测试用天线和馈线。

（3）优化前后选用相同的测试路线。

（4）检查测试区域是否正在进行负载测试，确保测试在一天当中相同的时间段进行，以获得基本相同的网络负荷条件。

（5）为了保证 UE 移动速度的一致性，数据采样方式按照距离方式采样，而不是按照时间方式采样。如果路测工具按照距离方式采样无法实现，可以尝试着在遇到红灯停车时暂停采集数据。

3.4 TD-SCDMA 无线参数优化

TD-SCDMA 系统大致可以分为 CN、RNS 和 UE 共 3 部分。从信令结构上来看，可以分为 Iu 接口、Iur 接口、Iub 接口以及 Uu 接口。所有这些实体和接口都有大量的配置参数和性能参数，其中一部分参数在设备出厂前已经设定，大多数参数必须根据网络的实际情况来确定。这些参数的设置和调整对整个 TD-SCDMA 系统的正常运行具有相当大的影响。可以说网络的优化调整在某种意义上来讲，其实就是网络中各种参数的调整过程。

作为移动通信网络系统，与无线设备和接口相关的参数，关系到无线资源的配置和有效利用，这部分参数对于网络覆盖、信令流量负荷、业务负荷分布、网络性能指标等均具有极大的影响。因此，合理调整系统的无线参数，是网络规划优化工程师工作的重点。

无线参数一般可以分为两大类，即无线工程参数和无线资源参数。

无线工程参数主要是指与工程设计、安装以及开通有关的参数，如站址、天线型号、天线安装高度、天线方位角以及天线下倾角等参数。这类参数通常是在网络设计中确定，后期优化工程中变动较少，即使变动，对于网络系统而言，也属于粗略调整，一般而言，带来的调整变化量较大。该类参数的调整需要高空作业人员参与。

无线资源参数是指与系统无线资源配置、应用有关的参数。这类参数一般会在 Uu 接口上传送，并且可以在网络运行过程中通过网管系统 OMC 进行调整，一般有网络运维工程师即可进行操作。

由于移动网络所独有的 UE 移动特性，决定了其业务量、信令流量分布等同样具有较强的流动性、突发性和随机性。这也使无线参数在网络的运营过程中，需要根据不同的时段特性，做出适当的调整和优化，以期取得网络的最佳运营状态，取得较好的投入产出比。

网络参数的调整不当，轻则导致无线网络运营指标的下降，重则导致部分小区退服，甚至灾难性地导致整个网络的瘫痪。所以网络优化工程师必须首先了解各个参数的功能、调整范围，并且对调整后的结果必须有一个深刻的理解。对 UE 各个过程（如接入、重选和切换等）中所涉及的无线参数具有明确的认识，是其做出优化方案的第一步。当然，无线参数的调整也必须依赖实际网络运行过程中的大量实测数据、性能统计、用户投诉跟踪反馈等多种手段保证调整后的可靠性。

本节主要介绍网络优化过程中经常需要调整和对于网络性能有重要影响的参数。

3.4.1　TD-SCDMA 网络编号参数

1. 移动国家码（MCC）

移动国家码的资源由国际电联（ITU）统一分配和管理，唯一识别移动用户所属的国家。如中国的 MCC 为 460。

2. 移动网络码（MNC）

移动网络码用于识别移动用户所属的移动通信网络（PLMN），由国家电信管理部门统一分配。例如，中国移动 GSM 网络的 MNC 为 01，中国联通 GSM 网络的 MNC 为 02，中国联通 CDMA 网络的 MNC 为 03。

3. 位置区码（LAC）

位置区识别（LAI）由 MCC+MNC+LAC 组成，其中 LAC（Location Area Code）就是位置区码。LAI 是指 UE 在不更新 VLR 的情况下可以自由移动的区域。对 CS 域业务来说，CN 使用 LAI 识别 UE。一个位置区可以涵盖一个或几个小区。由该定义可知，当几个 MSC 共用一个 VLR 时，位置区是可以跨 MSC 区的。但目前实现中，大都采用一个 MSC 捆绑一个 VLR 的方式，因此 LAI 不可以跨 MSC 区，一个 MSC 区中可以有一个或几个 LAI。

RNC 区指由一个 RNC 控制的一个或多个小区所组成的无线覆盖。LAI 与 RNC 区是相互独立的，即 RNC 区可能跨越 LAI 的边界，LAI 也可能跨越 RNC 区的边界。

由于位置区为 CS 寻呼的最小单位，其所包括的小区集合需要长期统计 PCH 负荷情况和信令拥塞情况，并进行适当的调整。因此，如果设置过大，将会导致寻呼信道的拥塞；设置过小，将会导致位置更新过多，导致系统信令信道的拥塞。

4. 小区识别（CID）

CGI 由位置区识别（LAI）和小区识别（CID）组成，如图 3-7 所示。CGI 在全球网络中唯一，在同一个 LAI 中唯一。

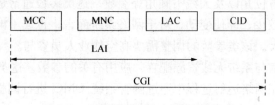

图 3-7　小区全球识别（CGI）的组成

5. 服务区域码（SAC）

服务区标识（SAI）由属于多个位置区的多个小区组成，用于核心网（CN）侧标识移动台位置，SAI=MCC＋MNC＋LAC＋SAC，其中：SAC 为服务区域码，用于标识一个位置区内的一个服务区，在服务区中，无需知道移动终端的具体位置就可以打通移动用户的电话。服务区是一个很大的概念，一个服务区可以涵盖一个或几个国家的地域。一个服务区中可以同时存在几个 PLMN 网。

SAI 只有在上行方向使用，针对 PS、短信业务时使用；可用于向 CN 指示一个 UE 的位置；主要是为了满足不同的业务应用，有利于业务平台划分服务区。一个小区可以同时属于多个不同的服务区。

6. 路由区域码（RAC）

RAI 定义为在特定操作模式下，移动终端不需要更新 SGSN 的情况下可以自由移动的区域。RAI=MCC+MNC+LAC+RAC，其中：RAC 为路由区域码，用于标识一个位置区内的一个路由区，在位置区中唯一。RAI 由一个或多个小区组成，用于在 SGSN 标识移动台在网络中处于空闲状态时的位置信息。对 PS 域业务来说，CN 使用 RAI 识别 UE。RAI 可以跨 RNC 区，但不能跨 SGSN 区。

RAC 用于识别位置区内的路由域、PS 域寻呼时使用，一个小区只能属于一个路由区。RAI 的划分与移动数据业务量分布、业务量和 SGSN 的处理能力等因素有关，需要根据长期性能统计结果不断调整。

3.4.2　小区选择/重选参数

1. 下行最小接入门限 Q_RxLevMin

终端根据小区选择准则判断是否满足合适小区的要求，小区选择准则为

Srxlev>0;

Srxlev= Qrxlevmeas-Qrxlevmin-Pcompensation

其中，Srxlev：指小区选择 RX 电平值（dB）；

Qrxlevmeas：指测量到的接收电平值，该值为测量到的 P-CCPCH RSCP（dBm）；

Qrxlevmin：指该小区的最小需要的接收电平值，该值在 SIB3 中参数"Qrxlevmin"中指示（dBm）；

Pcompensation: max(UE_TXPWR_MAX_RACH – P_MAX, 0)(dB), UE_TXPWR_MAX_RACH 是指终端在该小区接入 RACH 时的最大发送功率（应该是网络侧设置的，通过系统广播发送给 UE），该值在 SIB3 参数"Maximum allowed UL TX Power"中指示；P_MAX 是指终端最大的 RF 输出功率，引用参数 Pcompensation 的目的是当 UE_TXPWR_MAX_RACH 比 P_MAX 大时，表示 UE 的实际的发射功率比期望值小，需要系统降低。

如果该小区满足合适小区要求，则选择该小区，通知非接入层，由非接入层发起注册过程。

如果该小区不满足合适小区要求，则要求物理层搜索次强的小区或小区列表中的其他小区。

设置建议：暂无，现场目前设置为"-113"dBm。

2. 同频小区重选的测量触发门限

PCCPCH 主载频使用不同频点的邻小区重选测量触发门限值。对应 SIB3/4 中的"TDD-Sintersearch"。

影响：该参数影响异频小区之间的重选测量启动门限。

设置建议：暂无，现场目前设置为"51"。

3. 异频小区重选的测量触发门限

PCCPCH 主载频使用相同频点的邻小区重选测量触发门限值。测量量用来评估频内测量事件是否发生。对应 SIB3/4 中的"TDD-Sintrasearch"。

影响：该参数影响同频小区之间的重选测量启动门限。

设置建议：暂无。现场目前设置为"51"。

4. 服务小区重选迟滞 1 和小区个性偏移

Rs = Qmeas,s + Qhysts

Rn = Qmeans,n – Qoffsets,n

其中：Qmeas, s 是服务小区接收信号功率测量值，即 PCCPCH 的 RSCP；

Qmeas, n 是邻小区接收信号质量测量值，也就是 PCCPCH 的 RSCP；

Qhysts 表示小区重选时的服务小区重选迟滞 1；

Qoffsets, n 是两个小区接收信号质量所要求的偏移量，应该是小区个体偏移。

小区重选的判断准则：如果连续测得的 Rn 和 Rs 能够在监测时间内都保持 $Rn > Rs$，则需要重选。

设置建议：现场目前"服务小区重选迟滞 1"设置为"6"，"小区个体偏移"一般设置为"0"，个别小区可根据实际情况调整。

5. 小区重选定时器

当满足重选条件时，需要经过一定的时间延迟，重选才会执行，这个时间延迟，即为小区重选定时器。

设置建议：最好根据相邻小区之间的 UE 应用模式进行设置，如对于覆盖高速公路的相邻小区，该参数设置要较小，以避免较窄的重选带；而对于位于商务带的相邻小区，该参数设置需要较大一些，以规避较频繁的小区重选发生。现场目前设置为"1s"。

6. 小区状态指示

小区状态由小区接入禁止指示"Cell barred"、后台配置的小区保留指示"Cell Reserved for operator use"、未来预留扩展小区保留指示"Cell reserved for future extension"构成。

设置影响：只有 3 指示项均为"NO"，才可以接入该小区，否则不能够接入。

设置建议：在测试阶段或者需要对业务量进行调整时，即可进行相应的设置。正常模式下全部设置为"NO"。

7. 小区接入禁止时间

对应 Tbarred，如 UE 正驻留在其他小区时，在持续的时间超过Tbarred 前，UE 将会把禁止接入的小区从邻小区列表中排除在外。如 UE 没有选择其他小区时，且禁止接入小区为最佳小区，UE 将会在持续的时间超过Tbarred 后，检查小区状态是否发生改变。

设置影响：暂无。

设置建议：暂无。

8. IMSI 去分离指示

表示 UE 在关机前是否向网络发起去激活消息。

设置影响：关机前 UE 向网络发去激活消息，可在被呼叫时，通知主叫"用户已关机"，且提高被叫呼通率。

设置建议：一般设置为"on"。

3.4.3 覆盖功率类参数

1. 小区最大下行发射功率

小区最大下行发射功率定义了小区载频的下行可同时发射的所有信道功率之和的最大值，这里指小区总的发射功率。对于 N 频点小区，应该是对应单个载频的发射功率。

在某一时刻（时隙），小区内同时使用的所有下行信道的总的发射功率不能超过小区下行最大发射功率。即

（1）小区的下行最大发射功率必须大于 PCCPCH 的发送功率；

（2）小区的下行最大发射功率必须大于 DWPCH 的发送功率。

对于 N 频点小区，应该是单个载频的发射功率。

设置建议：小区的下行最大发射功率根据产品设计指标确定。目前，BS30 的单载波功率为41dBm，3 载波发射功率为39dBm。

小区总的发射功率在下述消息中通知 Node B（25.433）：

CELL SETUP REQUEST

CELL RECONFIGURATION REQUEST

OMCR 设置界面

NodeB 小区配置>>服务小区优化参数信息>>小区下行最大发射功率（小区总的发射功率）(dBm)。

Unit：dBm　范围：0..50 dBm　Step：0.1 dBm

2. PCCPCH 发射功率

PCCPCH 的发射功率不要大于小区最大下行发射功率。而且对于 TS0，小区最大发射功率〉=PCCPCH+SCCPCH*5（假设配 5 条）+FPACH 的功率（假设 FPACH 在 TS0），同时，OMCR 上配置的小区最大发射功率要<=OMCB 上的最大时隙功率，否则小区建立不了。为使 PCCPCH 覆盖到整个小区，保证小区内的用户能够可靠接收广播信息，PCCPCH Power 的值不能太低。SIB5 中 PCCPCH 的功率信息包含在 "TDD open loop power control" 选项中，而不在 PCCPCH 配置项中。实际上，在 SIB5 中，PCCPCH 的配置项为可选项。

表示 PCCPCH 的下行发射功率，由于占用了 2 个码道，故此处的 PCCPCH 的发射功率为双码道功率。

影响：PCCPCH 的发射功率直接决定了小区的覆盖范围，在允许的前提前提下，尽可能设置为最大。

设置建议：目前在单载波时，设置为 34dBm。

3. DwPTS 发射功率

DwPTS 发射功率定义了下行导频时隙的发射功率，为绝对值。该参数影响到小区的实际覆盖范围。小区的下行最大发射功率必须大于 DwPCH 的发送功率。可等于小区最大发射功率。

表示 DwPTS 的下行发射功率，由于 DwPTS 独占了 DwPCH 时隙，所以该值最大能够设置为和小区最大下行发射功率相同的值。

影响：DwPTS 和 PCCPCH 的有效覆盖范围共同决定了小区的覆盖半径。

设置建议：目前该参数设置和 PCCPCH 的发射功率相同。

4. SCCPCH 发射功率

SCCPCH 发射功率表示 SCCPCH 的下行发射功率。

影响：SCCPCH 信道是用来承载传输信道 PCH 和 FACH 的数据，故不宜设置过小。目前暂时先和 PCCPCH 取值相同。需要注意的是，由于目前 SCCPCH 一般是和 PCCPCH 均存在于 TS0，其功率设置需要根据其组合方式确定。

设置建议：同一个 CCTRCH 下，所有 SCCPCH 下行功率取值必须是相同的。

5. FACH 最大发射功率

FPACH 为快速物理接入信道，主要是为了响应 UpPTS，向相应 UE 下发签名。

设置建议：暂无，现场目前设置为 "30dBm"。

6. 上行最大允许发射功率 Maximum allowed UL TX power

定义 UE 的发射功率的最大允许值：Maximum allowed UL TX power。

设置影响：对于部分发射功率较大的 UE，可能会受到限制。对于一般性的 UE，该值一般不受影响。

设置建议：33dBm。

7. 下行 DPCH 最大发射功率 MaxDPDlTxPwr

定义了下行 DPCH 最大发射功率。

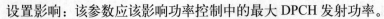
设置影响：该参数应该影响功率控制中的最大 DPCH 发射功率。

建议：不建议设置过大，以避免当 UE 增多时，产生呼吸效应。

8. DPCH 初始发射功率

定义了 DPCH 初始的发射功率值。

设置影响：下行 DPCH 初始发射功率应由网络侧进行设置，直到第一个上行 DPCH 到达。以后的发射功率由 Node B 采用基于 SIR 的闭环功控。

设置建议：暂无。

9. 下行 DPCH 最小发射功率 MinDlTxPwr

定义了 DPCH 最小发射功率值，该参数指明了下行 DPCH 的最小发射功率。测试点在 TMB 的射频输出口处，为 8 个通道之和。

设置影响：该参数和 Maximum DL Power、Initial DL Transmission Power 用于无线链路建立、重配置，是为每条 DPCH 的下行功率所做的一个限定，通过提高下行 DPCH 最小发射功率以规避其他小区或者系统外原因导致的下行干扰。

设置建议：目前现场设置为 "-14"。

10. 网络侧期望在 DPCH 上接收到的 UE 的发射功率

这里是指网络侧期望 Node B 侧的 UE 的上行接收功率门限，在具有小区外干扰时，可以适当提高该参数，但需要注意的是，可能导致小区边缘的 UE 无法接入。

设置范围 "-120～-58dBm"，默认为 "-100"。

11. PRACH 的期望发射功率

根据下面的公式计算 PRACH 初始上行发射功率：

$$P_{PRACH}=L_{PCCPCH}+PRX_{PRACHdes}+(iUpPCH^{-1})*Pwr_{ramp}$$

$$PRX_{PRACH,des}=C/I_{des}-10\lg(ant\_num)+\overline{I}_{RACH(i,n)}$$

其中，C/I_{des} 即是 "RACH 期望载干比"。在 OMCB 中配置 ant_num：为小区中有效的天线数；$\overline{I}_{RACH(i,n)}$：第 i 个 PRACH 在第 n 个子帧所在时隙的平均干扰功率，它是干扰功率瞬时值测量值 $I_{RACH(i,n)}$ 经滤波平均的结果，即

$$\overline{I}_{RACH(i,n)}=p\overline{I}_{RACH(i,n-1)}+I_{RACH(i,n)}$$

其中，p 是遗忘因子。

3.4.4 小区切换参数

1. 小区个体偏移

对于每个邻接关系，都用带内信令分配一个偏移。偏移可正可负。在 UE 评估一个事件是否已经发生之前，应将偏移加入测量量中，从而影响测量报告触发的条件。通过应用一个正的偏移，UE 发送测量报告就如同 P-CCPCH（TDD）比实际上要好。相应地，也可对 P-CCPCH（TDD）使用一个负的偏移，此时 P-CCPCH（TDD）的报告被限制。利用本参数，可调整 UE 选择的小区。例如，当一个小区由于街道拐角等原因，将存在一个质量的突变，这时就可以将小区的个体偏移设置为正值，增大 UE 选择本小区的几率。

2. 抑止乒乓切换定时器长度

在 UE 从 A 小区切换到 B 小区后，为了防止乒乓切换，在一段时间内不允许再从 B 小

区切回到 A 小区，这个时间段即为"抑止乒乓切换定时器长度"设定的值，也叫切入 UE 惩罚定时器长度。该参数设置得过大，会导致在切换后，质量较差时，也不能及时切回到原来的小区；设置过小，会导致乒乓切换。

3. 下行极限用户数

每种子类的业务在一个小区内的极限容量称为该业务的极限用户数，接纳控制算法中会判断当前小区的用户数是否已经超过预接纳业务的极限用户数，如果超过则直接拒绝，不再进行复杂的干扰/功率预测过程。当目标小区的用户数超过了极限用户数后，切换无法进行。用户数过大，将会导致拥塞；过小，会导致系统资源的浪费。

4. 切换时间迟滞

触发时间主要用于限制测量事件的信令负荷，其含义是只有当特定测量事件条件在一段时间即触发时间（Time toTrig）内始终满足事件条件才上报该事件。该参数设置得过大将会导致 UE 无法及时切换，甚至发生掉话可能；反之会导致乒乓切换。

5. PCCPCH RSCP 切换迟滞 Hysteresis

同频迟滞的含义是只有当最佳同频小区的 PCCPCH RSCP 高于本小区 PCCPCH RSCP H1g 时，才会上报 1G 事件。1G 事件是指同频切换测量事件中最佳小区发生变化。同频切换由 1G 事件触发，同频测量时 UE 进行 1G 事件判决。H1g 指\:H.I _1G 事件的迟滞值，即同频邻区信号高于本区信号的门限值，同频邻区信号测量值比本小区高出 W`*_c 该门限值时，才可能上报 1G 事件。

异频迟滞的含义是只有当最佳异频小区的 PCCPCH RSCP 高于本小区 PCCPCH H2a 时，才会上报 2A 事件。2A 事件是指异频切换测量事件中最好频率变化事件。异频切换由 2A 事件触发，异频测量时 UE 进行 2A 事件判决。H2a 指事件 2A 测量中的迟滞值，该参数设置得过大，将会导致 UE 无法及时切换，甚至发生掉话可能；反之会导致乒乓切换。

3.5　网络整体性能优化

3.5.1　网络开通前的整体优化

网络性能的整体优化是指通过种种网络优化方法，进行统一的、有步骤的、有较强针对性的网络优化过程，其目的是获得 TD-SCDM 网络性能的全面提高，这些性能的提高主要反映在网络各项 KPI 参数中。

网络开通前，需要对整网进行一次全面测试，掌握整网在大量用户入网前的网络指标，在大规模放号前解决网络存在的设备故障和一些规划上不合理的因素，并对重点区域进行优化调整。所使用的网络优化方法主要是 DT 和 CQT 测试，而对 OMC 数据、用户投诉数据等都会很少涉及。由于 DT 和 CQT 测试只是典型测试，并不代表全网任意地点的网络性能，因此网络规划前的优化不可能发现全部的网络问题。

网络开通前的典型过程一般是路测加信令分析，准确定位问题；RF调整加无线参数优化，解决优化问题。

网络开通前的覆盖优化侧重于网络的覆盖效果，业务侧重于业务性能的提高。而整体优化则一方面要提高网络的覆盖质量，同时还要保证网络的业务质量。网络整体优化是网络优化中最重要的一个环节，也是客户最关心的环节，如下所示。

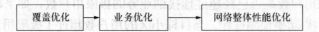

对商用网络的参数优化要重点考虑以下几个方面。

(1) 全网PCCPCH覆盖性能。避免出现PCCPCH污染，弱覆盖，无主导小区现象。

(2) 全网业务覆盖性能测试，包括各种业务在加载情况下的覆盖性能。

(3) 全网业务性能测试，包括各项业务KPI指标，如呼通率、掉话率、切换成功率等。

3.5.2 网络开通后的整体优化

网络开通后的优化工作不仅仅是为了确保网络运行正常，提升网络性能指标，更重要的是发现网络潜在的问题，为下一步网络的优化提前做好分析工作，这包括网络话务负荷变动、话务负荷均衡等。

网络开通前，缺少用户投诉数据和大量用户时候OMC数据，开通后，这些被屏蔽的问题都会暴露出来。因此在网络开通以后，网络优化重点关注的内容有所变化，网络优化的手段也有了不同，OMC数据、告警数据、用户投诉数据将会成为网络优化的重点参考输入，如图3-8所示。

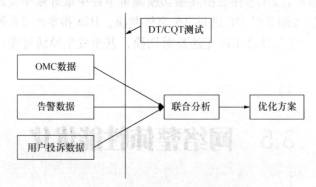

图 3-8　网络整体性能优化分析数据

网优工程师使用网络优化软件中的网络性能监视功能查询网络性能的动态变化，当发现某一个数据发生异常时，就要结合其他数据进行分析。如某一个小区掉话率较高，就可以结合用户投诉数据，定位问题发生点，然后使用DT和CQT手段进行测试。与此同时，网优工程师根据网络优化软件的网络动态性能监测功能来关注网络性能的动态变化，总结出网络变化的规律，这些持续变化有可能反映出网络的变化趋势。由此，工程师可以提前掌握网络的变化情况，做出相应的应对措施。

3.5.3 2G/TD-SCDMA 的协同优化

在TD-SCDMA网络建设中，TD-SCDMA与2G的网络是密切相关的，如站址共用、业务分担等。从网络优化的角度来讲，2G/TD-SCDMA 协同优化非常必要，协同优化的内容随着网络建设的进程也在不断变化。在建网初期，2G 与 TD-SCDMA 网络的协同优化主要表现在这几个方面：系统间的切换、共站址的干扰优化、系统间覆盖优化、系统间的业务导向优化。通过协同优化，可以使用户在 2G 与 3G 的交叉业务上无法感知网络的变化，从而获得网络无缝过渡的效果。

3.5.4　网络整体覆盖优化 KPI

通过上面讲到的数据采集手段获取网络质量覆盖信息，定位网络质量问题所在，然后利用工程参数和无线参数调整手段进行优化。考察网络整体覆盖优化的指标主要是 PCCPCH 的覆盖、DwPTS 的覆盖和各种业务的覆盖情况。无线网络的覆盖率，反映了网络的可用性。由于 TD-SCDMA 小区具有随不同容量而自动呼吸的特性，使得小区覆盖率与其容量密切相关，更为重要的是，由于不同的业务具有不同的速率等特征，使得不同的业务也有不同的覆盖。因此，如果要考察网络的覆盖率，需要区分不同的容量（用户数目）和不同的业务，该指标直接关系到用户的心理感受和使用信心。网络的下行覆盖由 PCCPCH 信道的 $RSCP$ 和 PCCPCH 质量 C/I 来表示，网络的上行覆盖情况由手机的发射功率来标识。网络覆盖率可以如下表示：

$$覆盖率=满足覆盖要求的点数/总的采样点数 \times 100\%$$

定义 F 取值为 1 的测试点为满足覆盖要求的测试点，即对于上行，$F =$ 上行手机发送功率值 ≤ 手机最大发送功率值；对于下行，$F = RSCP \geqslant R$ 且 $C/I \geqslant S$。

其中：RSCP 表示接收 PCCPCH 信号码片功率；C/I 表示接收 PCCPCH 信号的信号品质，C/I 指标意义在对 TD-SCDMA 主公共控制信道覆盖能力的要求上定义为载波功率与干扰功率的比值，数值上它等于 PCCPCH 信道的接收载波功率 $RSCP$ 与接收到的干扰信号（包括本小区、邻小区干扰和白噪声）功率的比值。$RSCP \geqslant R$ 和 $C/I \geqslant S$ 表示是否满足条件，R 和 S 是 RSCP 和 C/I 在计算中的阈值。如果 $RSCP \geqslant R$ 和 $C/I \geqslant S$ 都满足，则 F 取值 1；若有一个不满足或都不满足，则 F 取值 0。计算之前首先排除测试中的异常点，异常点指的是 RSCP 或 C/I 的取值远远超出正常范围之外。该公式表示如果某一区域接收信号码片功率超过某一门限，同时信号品质也超过某一门限，则表示该区域被覆盖。由于不同的业务，其覆盖不同，要求的覆盖率也不同，因此针对不同的业务可以通过测量不同的 F 值来计算覆盖率。注意，这里的覆盖率指的是区域覆盖率，不是边缘覆盖率，边缘覆盖率的测试较为复杂，这里不考虑。

3.5.5　网络整体业务性能优化 KPI

在覆盖已经满足要求的基础上，对业务问题进行定位。如由邻区关系设置不当，扰码规划不合理，功率配比等引起的切换、掉话、接入等问题。发现问题后，进行无线参数的合理配置，同时使用调整工程参数的手段进一步进行覆盖与业务的优化。衡量优化工作的测试指标是对 KPI 的统计，KPI 记录了整个网络运行的业务质量状况，对 KPI 进行分析后可以获得网络情况，然后针对具体问题进行分析与优化，主要集中在如掉话点的优化、乒乓切换的优化、小区重选的优化、起呼失败的优化等方面。TD-SCDMA 系统中需要被优化的典型 KPI 如表 3-4 所示。

表 3-4   TD-SCDMA 无线网络优化典型 KPI 指标

序号	KPI 名称		
	覆盖类		呼叫建立特性类
1	PCCPCH 接收信号码片功率 RSCP	1	RRC 连接建立成功率（业务相关）
2	收到的信干比 C/I	2	RAB 建立成功率
3	覆盖率	3	无线接通率
	呼叫保持特性类		移动性管理特性类
1	无线掉话率（业务相关）	1	RNC 切换成功率
2	重定位成功率	2	小区硬切换和接力切换成功率
3	Iub 口无线链路建立成功率	3	同频硬切和接力切换成功率
4	Iub 口无线链路增加成功率	4	异频硬切和接力切换成功率
5	Iub 口无线链路删除成功率	5	系统间 CS 域切换成功率（TD-SCDMA—GSM）
6	Iub 口无线链路失败时间比	6	系统间 PS 域切换成功率（TD-SCDMA—GPRS）
	质量类		
1	CS12.2K 业务呼叫时延（UE 到 UE）	5	CS12.2K 业务话务掉话比
2	CS64K 业务呼叫时延（UE 到 UE）	6	CS64K 业务话务掉话比
3	PS 业务下载速率	7	PS 业务流量掉话比
4	PDP 上下文激活成功率	8	CS12.2K 业务语音质量

第4章 无线环境优化

4.1 无线环境优化概述

4.1.1 无线环境优化的目的

无线环境优化的目的是在优化信号覆盖的同时，控制导频污染和切换比例，保证下一步业务参数优化时的无线信号质量。全网无线环境优化应在簇优化的基础上，重点关注簇间邻区配置、城区高站越区覆盖、整网干扰和导频污染优化等，主要包括如下工作内容。

（1）导频污染问题优化：导频污染是指某一地方存在过多强度相当的导频且没有一个主导导频。导频污染会导致下行干扰增大、频繁切换导致掉话、网络容量降低等一系列问题，需要通过工程参数调整加以解决。

（2）导频信号覆盖问题优化：导频信号覆盖的优化包括两个部分的内容，一方面是对弱覆盖区的优化，保证网络中导频信号的连续覆盖；另一方面是对主导小区的优化，保证各主导小区的覆盖面积没有过多和过少的情况，使主导小区边缘清晰，尽量减少主导小区交替变化的情况。

4.1.2 无线环境优化的流程

在无线环境优化阶段，包括测试准备、数据采集、问题分析、调整实施这4个部分如图4-1所示。

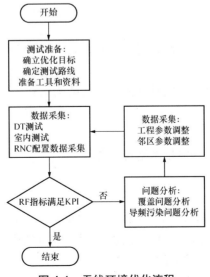

图 4-1 无线环境优化流程

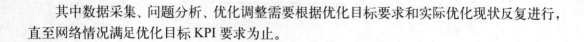

其中数据采集、问题分析、优化调整需要根据优化目标要求和实际优化现状反复进行，直至网络情况满足优化目标 KPI 要求为止。

4.2　TD-SCDMA 覆盖优化

良好的无线覆盖是保障移动通信网络质量和指标的前提。没有良好的覆盖，不管如何调整参数，网络的指标都很难达到较高的水平。一般良好的网络覆盖与合理的参数配置才能得到一个 KPI 很高的网络，二者缺一不可。TD 发展到现在，大部分的无线参数经过几年的外场试验已比较合理，参数优化提高指标的空间已经很有限；另外，目前 TD 网络都采用的是 N 频点，在容量上升后，网络会逐渐接近于同频网，良好的覆盖和干扰控制对未来网络负载在达到一定程度后的 KPI 意义非常重大，所以覆盖的优化对网络非常重要。

无线网络覆盖问题产生的原因是各种各样的，总体来讲有 4 类：一是无线网络规划结果和实际覆盖效果存在偏差；二是覆盖区无线环境变化；三是工程参数和规划参数间的不一致；四是增加了新的覆盖需求。

移动通信网络中涉及的覆盖问题主要表现为覆盖空洞、覆盖弱区、越区覆盖、导频污染和邻区设定不合理等几个方面。下面结合覆盖优化相关工程案例，主要介绍处理覆盖问题的一般流程和典型解决方法。

4.2.1　覆盖问题分析

弱覆盖的原因不仅与系统许多技术指标如系统的频率、灵敏度、功率等有直接的关系，与工程质量、地理因素、电磁环境等也有直接的关系。一般系统的指标相对比较稳定，但如果系统所处的环境比较恶劣、维护不当、工程质量不过关，则可能会造成基站的覆盖范围减小。由于在网络规划阶段考虑不周全或不完善，也会导致在基站开通后存在弱覆盖或者覆盖空洞，发射机输出功率减小或接收机的灵敏度降低，天线的方位角发生变化、天线的俯仰角发生变化、天线进水、馈线损耗等对覆盖造成的影响。综上所述引起弱场覆盖的原因主要有以下几个方面：

①　网络规划考虑不周全或不完善的无线网络结构引起；

②　由设备导致；

③　工程质量造成；

④　发射功率配置低，无法满足网络覆盖要求；

⑤　建筑物等引起的阻挡。

4.2.2　覆盖问题优化步骤

一般来说，对于 Voice 而言，当 PCCPCH 的 C/I 大于-3dB，RSCP 大于-95dBm 时，不可能是由于覆盖不行导致的掉话。通常所说的覆盖差，主要是指 RSCP 很差。

上行覆盖差还是下行覆盖差的问题需要通过掉话前上行或者下行的专用信道功率来确认，通常采用以下的方法来确认。

如果掉话前的上行发射功率达到最大值，并且上行的 BLER 也很差或者从 RNC 记录的单用户跟踪上看到 Node B 上报 RL failure，基本可以认为上行覆盖差导致的掉话；如果掉话前，下行发射功率达到最大值，并且下行的 BLER 很差，基本可以认为是下行覆盖差导致的掉话。在合理的链路平衡情况下，而且上/下行没有干扰的情况下，上行和下行发射功率会同时受限，此时不一定要严格区分哪一方先出现受限。如果上/下行严重不平衡，则应该初步判定为受限方向存在干扰。

由于缺站、扇区接错、功放故障导致站关闭等原因都会导致覆盖差，在一些室内，过大的穿透损耗也会导致覆盖太差。扇区接错或者站点由于故障原因关闭等容易在优化过程中出现，表现为其他小区在掉话点的覆盖差，需要注意分析区别。

4.2.3　覆盖分析案例

分析案例 1：弱覆盖的优化

【案例描述】鹤洲华佳与铁岗站点间高速弱场，该地点处于两个小山丘之间，呈峡谷状，而且刚好是弯道，给覆盖带来一定难度，如图 4-2 所示。

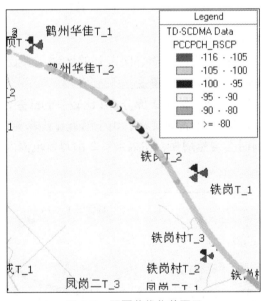

图 4-2　弱覆盖优化前图示

【案例分析】初始规划铁岗 2 扇方向角 290°，下倾角 5°；鹤洲华佳 2 扇方向角 130°，下倾角 7°。

【解决建议】

覆盖地带被阻挡较多，按实际方位直接将两扇区对准两山丘间的高速路，并将两扇区下倾角减小。由于该处还是弯道，经过两个扇区的方位角和下倾角调整，基本解决弱场问题，但交界处仍然不够强，此时鹤洲华佳 2 扇方向角没变，下倾角 3°，铁岗 2 扇方向角由 290°变为 310°，下倾角由 5°变为 0°。经再度减小鹤洲华佳 2 扇下倾角和改变两个扇区波束赋形宽度由 65 改为 30，结果中间弱场改善明显，掉话问题解决。优化后 RSCP 覆盖图如图 4-3 所示。

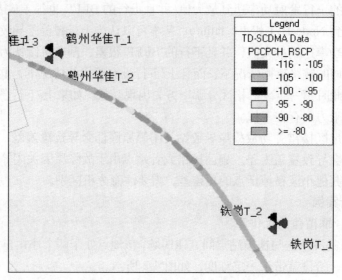

图 4-3　优化后的 RSCP 覆盖图

分析案例 2：越区覆盖的优化

当一个小区的信号出现在其周围一圈邻区以外的区域，并且信号很强时（车外大于 -85dBm，车内大于-90dBm），称为越区覆盖。

【案例描述】福永码头至福永三的覆盖部分 C/I 比较差的部分，容易产生掉话。

【案例分析】通过实地调查以及测试发现，由于附近建筑密集，在部分空隙处，新和 1 扇和 2 扇对此路段覆盖有时会突然增强，在福永三 2 扇覆盖范围内造成干扰，C/I 比较差，如图 4-4 所示。

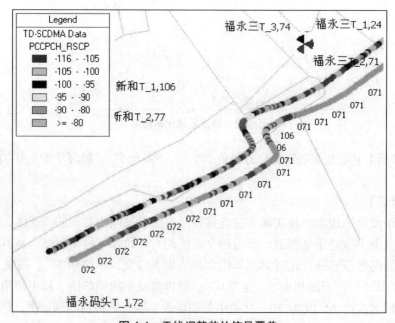

图 4-4　天线调整前的信号覆盖

【解决建议】

　　只需要将福永三信号增强或将新和站点信号减弱，考虑到福永三同时要覆盖纵向的重点道路，将新和 1 扇的下倾角由 4° 调整为 6°，发射功率由 35 调整为 30。新和 2 扇下倾角由 4° 调整为 6°。经过调整后，原来 C/I 差的地段显著改善，RSCP 与 C/I 值均比较理想，如图 4-5 所示。经多次测试，没有发生掉话现象。

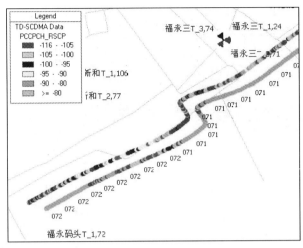

图 4-5　调整后 RSCP 覆盖

分析案例 3：空洞覆盖（无主覆盖小区）

　　覆盖空洞是指在连片站点中间出现的完全没有 TD 信号的区域，如图 4-6 所示。

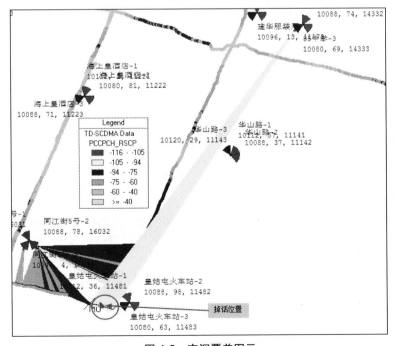

图 4-6　空洞覆盖图示

【案例描述】车辆由东向西行驶，UE 首先占用 85 中学-3，随着车辆前行，UE 突然测量不到 T 网、G 网临区信息，随后掉话；车辆继续前行，UE 占用到了同江街 5 号后，又能正常测量到 T 网、G 网临区，状态恢复。

【案例分析】

查看掉话手机状态，如图 4-7 所示。

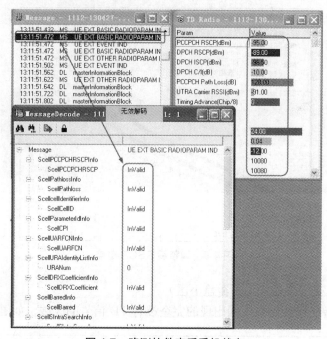

图 4-7　路测软件查看手机状态

TD Radio 窗口中的无线参数，是因为软件记录手机测量的参数具有前后的继承性，实际解码无效，路测软件小区状态如图 4-8 所示。

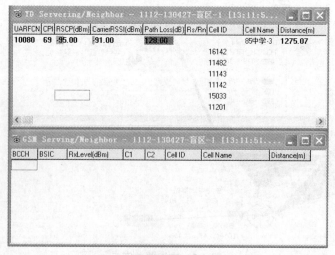

图 4-8　路测软件小区状态

综合分析：如图 4-9 可见，掉话区域应为 85 中学-2 的覆盖区域，但实际上，终端在此位置上并没有测量到有效的 TD 信号，而驶离这片区域后能正常测量并起呼，怀疑是空洞覆盖造成的。

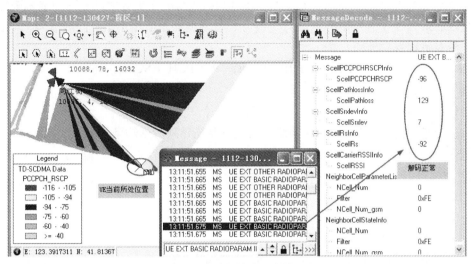

图 4-9　路测软件掉话区域状态

【解决方法】

一般的覆盖空洞都是由于规划的站点未开通、站点布局不合理或新建建筑导致。最佳的解决方案是增加站点或使用 RRU，其次是调整周边基站的工程参数和功率来尽可能地解决覆盖空洞，最后是使用直放站。

对于隧道，优先使用直放站或 RRU 解决。

4.3　TD-SCDMA 导频污染优化

4.3.1　导频污染概述

当存在过多的强导频信号，但是却没有一个足够强主导频信号的时候，即定义为导频污染。下面给出强导频信号、过多和足够强主导频信号的判断标准。

（1）强导频

在 TD-SCDMA 中，我们定义，当 PCCPCH_RSCP 大于某一门限值且信号为有用信号时为强导频信号。

$$PCCPCH\_RSCP > A \hspace{3cm} （式 4-1）$$

这里我们设定 $A = -85$ dBm。

（2）过多

当某一地点的强导频信号数目大于某一门限值的时候，即定义为强导频信号过多。

77

$$PCCPCH \_number \geqslant N \qquad \text{（式 4-2）}$$

这里我们设定 $N=4$。

（3）足够强主导频

某个地点是否存在足够强主导频，是通过判断该点的多个导频的相对强弱来决定的。如果该点的最强导频信号和第（N）个强导频信号强度的差值小于某一门限值 D，即定义为该地点没有足够强主导频。

$$PCCPCH\_RSCP(fist) - PCCPCH\_RSCP(N) \geqslant D \qquad \text{（式 4-3）}$$

这里我们设定 $D=6dB$。

（4）导频污染判断

综上所述，判断 TD-SCDMA 网络中的某点存在导频污染的条件如下。

① PCCPCH_RSCP > - 85dBm 的小区个数大于等于 4 个。

② PCCPCH_RSCP(fist) - PCCPCH_RSCP

③ ≤6dB。

当上述两个条件都满足时，即为导频污染。

4.3.2　导频污染产生原因及影响分析

TD-SCDMA 中导频污染产生的原因很多，影响因素主要有基站选址、天线挂高、天线方位角、天线下倾角、小区布局、PCCPCH 的发射功率、周围环境影响等。有些导频污染是由某一因素引起的，而有些则是受好几个因素的影响。在理想的状况下，各个小区的信号应该严格控制在其设计范围内，但由于无线环境的复杂性，如地形地貌、建筑物分布、街道分布、水域等各方面的影响，使得信号非常难以控制，无法达到理想的状况。

由于导频污染主要是多个基站作用的结果，因此，导频污染主要发生在基站比较密集的城市环境中。正常情况下，在城市中容易发生导频污染的几种典型的区域为高楼、宽的街道、高架、十字路口、水域周围的区域。

下面根据实际的网络建设情况，给出相关的图示说明。

（1）基站位置因素影响

由于站址选择的限制和复杂的地理环境，可能出现小区布局不合理的情况。不合理的小区布局可能导致部分区域出现弱覆盖，而部分区域出现多个导频强信号覆盖。

如果周围基站围成一个环形，在环形的中心位置，就会有周围的小区均对该地段有所覆盖，造成导频污染，如图 4-10 所示。

图 4-10 中所示 5 个基站均对图中框线所示区域有覆盖，并且其场强较强。该地区的导频污染比较严重。

从基站分布图可以看出，框线所表示地方为 5 个站点所构成的环形的中间地段，测试轨迹是国道。这是一个典型的因基站位置因素导致产生导致污染的案例。同时周围的环境中阻挡较少，也是造成导频污染的一个原因。

（2）天线挂高因素

如果一个基站选址太高，相对周围的地物而言，周围的大部分区域都在天线的视距范围内，使得信号在很大范围内传播。站址过高会导致越区覆盖不容易控制，产生导频污染。

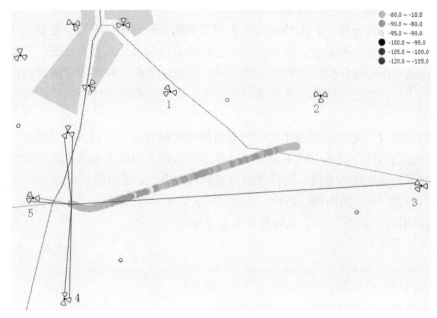

图 4-10　基站位置不合理

　　在我们的实际网络建设过程中，有可能出现相邻基站之间天线高度相差非常大的情况，从而导致由于越区覆盖而产生导频污染。

　　如图 4-11 所示，基站 1 和基站 2 两个站点距离 2km 左右。其中基站 1 站天线挂高 53m，是一个铁塔站；基站 2 站天线挂高 18m，建在一所农村的房子上。站 1 和站 2 高度差 35m，两个基站海拔高度基本相同。这种情况下，天线的方位角和下倾角如果设置不合理的话，井头站点很容易形成过覆盖，可能在某一地方造成导频污染的情况（如图 4-11 中方框所标示的区域）。我们在这里可以采用降低站 1 天线挂高的方法，来消除导频过覆盖区域。

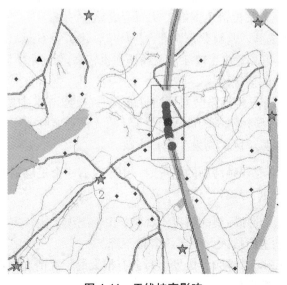

图 4-11　天线挂高影响

（3）天线方位角、下倾角因素

在一个多基站的网络中，天线的方位角应该根据全网的基站布局、覆盖需求、话务量分布等来合理设置。一般来说，各扇区天线之间的方位角设计应互为补充。若没有合理设计，可能会造成部分扇区同时覆盖相同的区域，形成过多的导频覆盖，或者其他区域覆盖较弱，没有主导导频。这些都可能造成导频污染，需要根据实际传播的情况来进行天线方位的调整。

天线的倾角设计是根据天线挂高相对周围地物的相对高度、覆盖范围要求、天线型号等来确定的。当天线下倾角设计不合理时，在不应该覆盖的地方也能收到其较强的覆盖信号，造成了对其他区域的干扰，这样就会造成导频污染，严重时会引起掉话。

天线下倾角、方位角因素的影响，在密集城区里表现得比较明显。站间距较小，很容易发生多个小区重叠的情况如图 4-12 所示。

城区内站点分布比较密集，信号覆盖较强，如果基站各个天线的方位角和下倾角设置不合理，就会造成多小区重叠覆盖，导致导频污染的情况出现。

图 4-12　某城区基站分布

（4）覆盖区域周边环境影响

覆盖区域的环境，包括地形、建筑物阻挡等。

由于无线信号受到地形地貌、建筑物分布、街道分布、水域等各方面复杂的影响，使得导频信号难以控制，无法达到预期状况。

周边环境对导频污染的影响包括 3 个方面：一是高大建筑物、山体对信号的阻挡，如果目标区域预定由某基站覆盖，而该基站在此传播方向上遇到建筑物、山体的阻拦覆盖较弱，目标区域可能没有主导导频而造成导频污染；二是街道、水域对信号的传播，当天线方向沿街道时，其覆盖范围会沿街道延伸较远，在沿街道的其他基站的覆盖范围内，可能会造成导频污染问题；三是高大建筑物对信号的反射，当基站近处存在高大玻璃建筑物时，信号可能会反射到其他基站覆盖范围内，从而造成导频污染。

在图 4-13 所示区域里，地域类型属于农村环境，建筑物不高，大部分地区是农田，开且地形比较平坦。图中 1、2 站点较高，天线挂高也较高，分别为 53m 和 60m。图中方框所示区域里有导频污染的情况出现。

在进行网络建设时，导频污染会对网络性能有一定的影响，主要表现在以下 4 个方面。

① 呼通率降低：在导频污染的地方，由于手机无法稳定驻留于一个小区，在手机起呼过程中会不断地更换服务小区，易发生起呼失败。

② 掉话率上升：出现导频污染的情况时，由于没有一个足够强的主导频，手机通话过程中乒乓切换会比较严重，导致掉话率上升。

③ 系统容量降低：导频污染的情况出现时，由于出现干扰，会导致系统接收灵敏度距离基站较远的信号无法进行接入，使系统容量下降。

④ 高误块率（BLER）：导频污染发生时会有很大的干扰情况出现，这样会导致 BLER 提升，语音质量下降和数据传输速率下降。

图 4-13　环境因素

4.3.3　导频污染优化方法

导频污染的优化，其根本目的是在原来的导频污染地方产生一个足够强的主导频信号，以提高网络性能。其主要手段如下。

（1）天线调整

天线调整内容主要包括天线位置调整、天线方位角调整、天线下倾角调整、广播信道波束赋形宽度调整。

① 天线位置调整：可以根据实际情况调整天线的安装位置，以达到相应小区内具有较好的无线传播路径。

② 天线方位角调整：调整天线的朝向，以改变相应扇区的地理分布区域。

③ 天线下倾角调整：调整天线的下倾角度，以减小相应小区的覆盖距离，减弱对其他小区的影响。

④ 广播信道波束赋形宽度调整：通过更换天线的广播信道波束赋形加权算法，来改善服务扇区内的信号强度，降低副瓣对其他扇区的影响。目前可以调整的值有 33°、65°、90° 和 120°。

（2）无线参数调整

调整扇区的发射功率来改变覆盖距离。TD-SCDMA 功率调整时需要对 PCCPCH、DwPCH、FPACH 3 个参数都进行调整。通过调整发射功率可以实现最佳的功率配置。

（3）采用 RRU

在某些导频污染严重的地方，可以考虑采用单通道 RRU（即 R01）来单独增强该区域

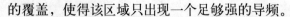

的覆盖，使得该区域只出现一个足够强的导频。

（4）邻小区频点等参数优化

在实际的网络优化过程中，由于各种各样的原因，有时候没有办法或者无法及时地采用上述方法进行导频污染区域的优化时，可以根据实际的网络情况，通过增删邻小区关系或者频率、扰码的调整，来进行导频污染地区的网络性能的优化。

通过对小区个体偏移的调整可以改善扇区之间的切换性能。将小区的个体偏移调整为正值，则手机在该服务小区是"易进难出"；调整为负值，则手机在该服务小区是"易出难进"。建议调整值应控制在正负 3 个 dB 以内。

通过修改小区的重选服务小区迟滞，来调整服务小区的重选性能。

这里需要强调的是，消除多个互相干扰的强导频依然是我们进行导频污染优化的首要手段，这种方法只是我们在实际网络环境中由于各种条件的限制无法消除导频污染时，而采取的一种优化网络性能的方法。

由于造成导频污染的原因可能是多方面的，因此我们在进行导频污染优化时，要注意导频污染优化方法的综合使用。有时候需要对几个方面都进行调整，或者由于一个内容的调整导致相应的其他内容也要调整，这些要在实际的问题中进行综合考虑。

4.3.4 导频污染分析案例

分析案例 1：天线方位角和下倾角的影响

【案例描述】

在某城区环境中，在强场环境下，起呼时成功率不高。

【案例分析】

在桥头环城北路和三秀路入口，通过观察路测仪发现，该处位于多个强场小区信号之间，终端在此处经常频繁重选到新小区上。路测图如图 4-14 所示。

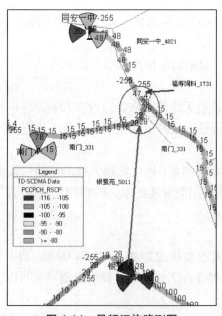

图 4-14 导频污染路测图

观察路测结果后发现，该桥头入口处有 4 个扇区的信号在此形成多小区重叠覆盖，分别为扰码 28、扰码 47、扰码 15 和扰码 48 的信号，信号也较强，均在-85dBm 左右，这 4 个小区的信号在这里造成了导频污染。

这个地方的故障是由于多个小区交叠覆盖而导致的，经过分析确定采用由扰码 15 作为该区域的主小区，其他几个小区均采用收缩的方式，以便为该区域提供一个足够强的主导频信号。

通过加大其他 3 个扇区天线的下倾角的方式，达到了目的。结果如图 4-15 所示。

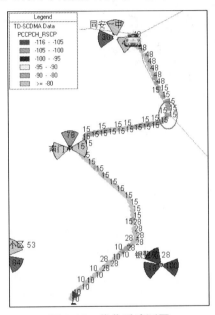

图 4-15　优化后路测图

且经过验证，另外 3 个扇区的其他覆盖区域也没有受到影响。UE 已基本不会重选到扰码 28 小区上，此处的呼通率大大提高，效果显著。

分析案例 2：越区覆盖的影响

【案例描述】

华艺塑料厂的第 1、2 扇区在 308 国道上对杨家群第 1、3 扇区造成了非常明显的越区覆盖，导致该路段上的严重掉话。

【案例分析】

经过测试发现，在发生掉话的路段上由南往北行驶时，手机本应由华艺塑料厂的 2 扇区切换至杨家群的 3 扇区，之后由杨家群的 3 扇区切换至杨家群的 1 扇区，最后完成由杨家群 1 扇区至海尔冰箱厂 S 座 3 扇区的切换。但是由于华艺塑料厂在该路段上的越区覆盖，使得手机只能够在华艺塑料厂的 1、2 扇区间进行切换，而不能正常接入杨家群站点，同时华艺塑料厂与海尔冰箱厂 S 座并没有配置邻小区关系，因此在该路段上行驶就必然会发生掉话。

经过上述的分析，可以确认该处的问题是一个由于越区覆盖而导致的导频污染问题。可以通过调整方位角和下倾角来解决越区覆盖问题，以消除导频污染。

对华艺塑料厂与杨家群两个站点的扇区天线调整前的信号覆盖如图 4-16 所示。

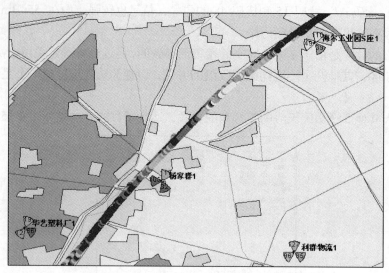

图 4-16　两站点扇区天线调整前的信号覆盖

调整前华艺塑料厂的天线方向角为 10/120/220，下倾角为 3/3/3；杨家群的天线方向角为 30/160/270，下倾角为 2/2/2。

要解决该问题，只有减弱华艺塑料厂覆盖该路段的信号强度，同时增强杨家群站点对该处的影响。于是我们对这两个站点天线的工程参数进行了调整，调整内容如下：华艺 1 扇区的方向角由 10°调整到 350°，下倾角由 3°调整到 10°；华艺 2 扇区的下倾角由 3°调整到 8°；杨家群 1 扇区的方向角由 30°调整到 10°。

调整后 308 国道上的信号覆盖如图 4-17 所示。

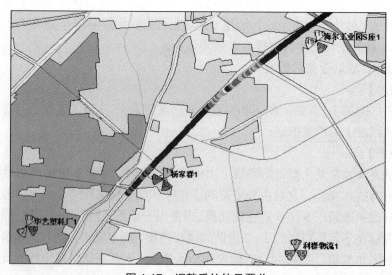

图 4-17　调整后的信号覆盖

经测试该路段，越区覆盖问题已经解决，手机能够正常发生切换。

分析案例 3：天线挂高因素的影响

【案例描述】

在我们的实际网络建设过程中，有可能出现相邻基站之间天线高度相差非常大的情况，会出现由于越区覆盖而导致导频污染的情况。

【案例分析】

图 4-18 中，基站 1 和基站 2 两个站点距离 2km 左右。基站 1 站天线挂高 50 多米，是一个铁塔站。基站 2 站天线挂高 18m，建在一农村的房子上。站 1 和站 2 高度差 35m，两个基站海拔高度基本相同。这种情况下，天线的方位角和下倾角如果设置不合理的话，井头站点很容易形成过覆盖，可能在某一地方造成导频污染的情况。如图中方框所标示的区域。我们在这里可以采用降低站 1 天线挂高的方法，来消除导频过覆盖区域。

图 4-18　天线挂高的信号覆盖

第 5 章 系统性能优化

移动通信系统性能的整体优化是指通过种种网络优化方法，进行统一的、有步骤的、有较强针对性的网络优化过程，其目的是获得 TD-SCDMA 网络性能的全面提高。系统性能优化是在无线环境得到全面改善的基础上，主要针对改善网络的接入性能、保持性能及数据业务性能而进行的优化，重点针对信令与承载的建立、掉话、切换，以及数据业务的成功率、掉线率、吞吐率等用户可感知问题进行专项优化，是全面改善网络质量的关键。由于无线接通情况直接关系到用户的感受，因此我们要对反映这一用户感受的接入性能进行重点优化，提升网络性能，提高接通率。TD-SCDMA 切换是系统移动性管理的重要组成部分，切换成功率也是系统移动性管理性能的重要指标。本章针对接入优化和切换优化进行了讲解，这些性能的提高主要反映在呼叫建立特性类和移动性管理特性类的 KPI 参数中。

5.1 接入优化

TD-SCDMA 网络语音业务接入性能的直接表征指标即接通率，接通率是反映 TD-SCDMA 系统性能最重要的指标，也是运营商十分关注的指标。一个完整的呼叫接通率有多个层次：寻呼成功率、RRC 连接建立成功率和 RAB 指配建立成功率。

5.1.1 呼叫接入流程

典型的呼叫信令流程包括主叫信令流程、被叫信令流程和呼叫释放信令流程。

对一个主叫过程来说，如果之前 UE 没有建立 RRC 连接，则先建立 RRC 连接，再通过初始直传建立传输 NAS 消息的信令连接，最后建立 RAB。

被叫过程包括了寻呼过程，在接入层内与主叫过程很类似，其他区别主要体现在 NAS 消息上。

主叫信令流程主要分为几个阶段：RRC 连接建立→直传信令→通过 RAB 建立业务。

RRC 连接是 UE 与 UTRAN 的 RRC 协议层之间建立的一种双向点到点的连接，在 UE 与 UTRAN 之间传输无线网络信令。UE 处于空闲模式下，当 UE 的非接入层要求建立信令连接时，UE 将发起 RRC 建立请求。每一个 UE 在尝试建立的过程中，只能建立一次 RRC 连接。

Iu 口信令流程是在 UE 与 UTRAN 之间的 RRC 连接建立成功后，由 UE 发起的。Iu 信令连接建立了 UE 与 CN 之间的信令通路，主要传输 UE 与 CN 之间非接入层信令。在 UTRAN 中，非接入层信令是通过上/下行直接传输信令透明传输的，RNC 不做任何处理。UE 发送到 CN 的消息，通过上行直传（Uplink Direct Transfer）发送到 RNC，RNC 将其转化为直传消息（Direct Transfer）发送到 CN；CN 发送到 UE 的消息，通过直传消息发送到 RNC，RNC 将其转化为下行直传消息（Downlink Direct Transfer）发送到 UE。

RAB 是指用户面的承载，用于 UE 和 CN 之间传送语音、数据及多媒体业务，UE 首先完成 RRC 建立，才能建立 RAB。RAB 的建立是由 CN 发起，UTRAN 执行的一个过程。

RAB 建立完成后，进行上行和下行的直接传输过程，振铃后，摘机进行通话。

完整的起呼流程如图 5-1 所示。

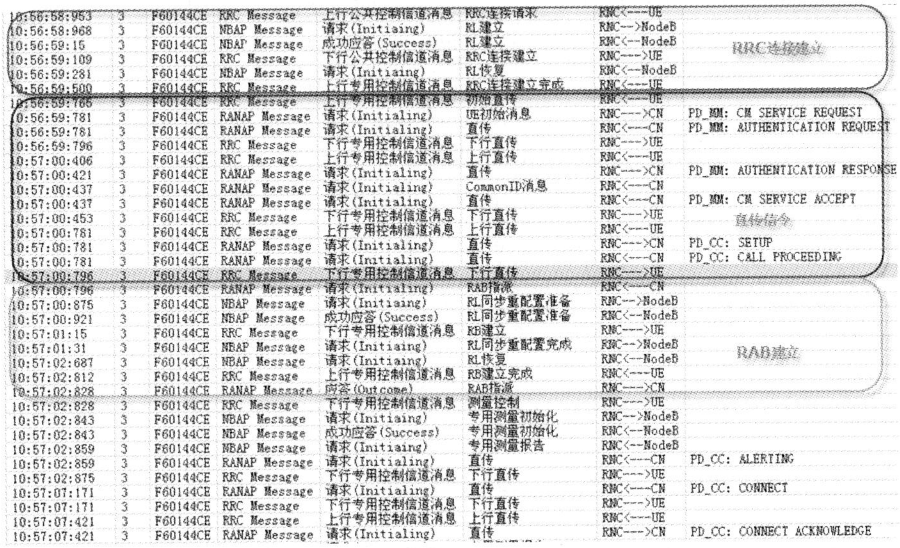

10:56:58:953	3	F60144CE	RRC Message	上行公共控制信道消息	RRC连接请求	RNC<---UE	
10:56:58:968	3	F60144CE	NBAP Message	请求(Initiaing)	RL建立	RNC-->NodeB	
10:56:59:15	3	F60144CE	NBAP Message	成功应答(Success)	RL建立	RNC<--NodeB	
10:56:59:109	3	F60144CE	RRC Message	下行公共控制信道消息	RRC连接建立	RNC--->UE	
10:56:59:281	3	F60144CE	NBAP Message	请求(Initiaing)	RL恢复	RNC<--NodeB	
10:56:59:500	3	F60144CE	RRC Message	上行专用控制信道消息	RRC连接建立完成	RNC<---UE	
10:56:59:765	3	F60144CE	RRC Message	上行专用控制信道消息	初始直传	RNC<---UE	
10:56:59:781	3	F60144CE	RANAP Message	请求(Initialing)	UE初始消息	RNC--->CN	PD_MM: CM SERVICE REQUEST
10:56:59:781	3	F60144CE	RANAP Message	请求(Initialing)	直传	RNC<---CN	PD_MM: AUTHENTICATION REQUEST
10:56:59:796	3	F60144CE	RRC Message	下行专用控制信道消息	下行直传	RNC--->UE	
10:57:00:406	3	F60144CE	RRC Message	上行专用控制信道消息	上行直传	RNC<---UE	
10:57:00:421	3	F60144CE	RANAP Message	请求(Initialing)	直传	RNC--->CN	PD_MM: AUTHENTICATION RESPONSE
10:57:00:437	3	F60144CE	RANAP Message	请求(Initialing)	CommonID消息	RNC<---CN	
10:57:00:437	3	F60144CE	RANAP Message	请求(Initialing)	直传	RNC<---CN	PD_MM: CM SERVICE ACCEPT
10:57:00:453	3	F60144CE	RRC Message	下行专用控制信道消息	下行直传	RNC--->UE	
10:57:00:781	3	F60144CE	RRC Message	上行专用控制信道消息	上行直传	RNC<---UE	
10:57:00:781	3	F60144CE	RANAP Message	请求(Initialing)	直传	RNC--->CN	PD_CC: SETUP
10:57:00:781	3	F60144CE	RANAP Message	请求(Initialing)	直传	RNC<---CN	PD_CC: CALL PROCEEDING
10:57:00:796	3	F60144CE	RRC Message	下行专用控制信道消息	下行直传	RNC--->UE	
10:57:00:796	3	F60144CE	RANAP Message	请求(Initialing)	RAB指派	RNC<---CN	
10:57:00:875	3	F60144CE	NBAP Message	请求(Initiaing)	RL同步重配置准备	RNC-->NodeB	
10:57:00:921	3	F60144CE	NBAP Message	成功应答(Success)	RL同步重配置准备	RNC<--NodeB	
10:57:01:15	3	F60144CE	RRC Message	下行专用控制信道消息	RB建立	RNC--->UE	
10:57:01:31	3	F60144CE	NBAP Message	请求(Initiaing)	RL同步重配置完成	RNC-->NodeB	
10:57:02:687	3	F60144CE	NBAP Message	请求(Initiaing)	RL恢复	RNC<--NodeB	
10:57:02:812	3	F60144CE	RRC Message	上行专用控制信道消息	RB建立完成	RNC<---UE	
10:57:02:828	3	F60144CE	RANAP Message	应答(Outcome)	RAB指派	RNC--->CN	
10:57:02:828	3	F60144CE	RRC Message	下行专用控制信道消息	测量控制	RNC--->UE	
10:57:02:843	3	F60144CE	NBAP Message	请求(Initiaing)	专用测量初始化	RNC-->NodeB	
10:57:02:843	3	F60144CE	NBAP Message	成功应答(Success)	专用测量初始化	RNC<--NodeB	
10:57:02:859	3	F60144CE	NBAP Message	请求(Initiaing)	专用测量报告	RNC<--NodeB	
10:57:02:859	3	F60144CE	RANAP Message	请求(Initialing)	直传	RNC<---CN	PD_CC: ALERTING
10:57:02:875	3	F60144CE	RRC Message	下行专用控制信道消息	下行直传	RNC--->UE	
10:57:07:171	3	F60144CE	RANAP Message	请求(Initialing)	直传	RNC<---CN	PD_CC: CONNECT
10:57:07:171	3	F60144CE	RRC Message	下行专用控制信道消息	下行直传	RNC--->UE	
10:57:07:421	3	F60144CE	RRC Message	上行专用控制信道消息	上行直传	RNC<---UE	
10:57:07:421	3	F60144CE	RANAP Message	请求(Initialing)	直传	RNC--->CN	PD_CC: CONNECT ACKNOWLEDGE

图 5-1　起呼流程图

相对主叫信令流程来说，被叫信令流程包含一个寻呼的过程，其他流程同主叫信令流程。

起呼失败通常发生在弱场，也有因为干扰原因导致在强场的起呼成功率低的现象。

从路测仪上看到的一个完整的 Uu 口主叫信令流程如图 5-2 所示，它和从 RNC 侧看到的信令有对应关系。在分析问题时，需要两者结合共同定位。

5.1.2 接入失败分类

接入失败的分类及可能的问题原因包括以下几类。

（1）拨号后，RRC Connection Request 消息没有发送——是否手机异常。

（2）在主叫 UE 发送了 RRC Connection Request 后，定时器超时，仍没有收到 RRC Connection Setup 消息——RNC 没有收到请求，调整 PRACH 信道功率；若 RNC 发送了建立消息，但 UE 没有收到，确认是否是手机发生重选，若重选则优化重选参数，若没有发生重选，需要调整 FPACH 功率。

（3）主叫 UE 在发出 RRC Connection Request 后，收到 RRC Connection Reject 消息，并且没有重发 RRC Connection Request 进行尝试——参数配置错误可能性较大。

（4）主叫 UE 在收到 RRC Connection Setup 消息后，没有发出 RRC Connection Complete 消息——若 UE 没有发送，则需要调整下行初始发射功率；若 RNC 没有收到，则调整上行开环功控参数。

图 5-2　路测仪上的信令流程

（5）主叫 UE 在收到 RRC Connection Complete 消息后，没有收到 Measurement Control 消息——查看 RNC 的测量相关的配置参数是否正确。

（6）主叫 UE 收到了 Service Request Reject 消息——参数配置错误可能性最大。

（7）主叫 UE 在发送了 CM Service Request 消息后，没有收到 Call Proceeding 消息——参数配置错误可能性最大。

（8）UE 收到 Call Proceeding 消息后，没有收到 RB Setup 消息——参数配置错误可能性最大。

（9）UE 收到 RB Setup 消息后，没有发出 RB Setup Complete 消息——参数配置错误可能性最大。

（10）UE 在发出 RB Setup Complete 消息后，没有收到 Alerting 或者 Connect 消息——参数配置错误可能性最大。

（11）UE 收到 Alerting 或 Connect 消息后，没有发出 Conncect Acknowlege 消息——参数配置错误可能性最大。

5.1.3　接入优化分析流程

接入性能优化依托于对测试数据的分析和问题定位，在进行问题分析时可以参考标准接入信令流程，结合 DT 测试信令流程、RNC 的单用户跟踪信令流程，按照下面的分析流程确定在哪一处出现失败。然后按照各个子流程分析和解决问题，主要包括寻呼问题、RRC 建立问题、RAB 和 RB 建立问题、鉴权加密问题、设备异常问题等。

路测数据分析流程如图 5-3 所示。

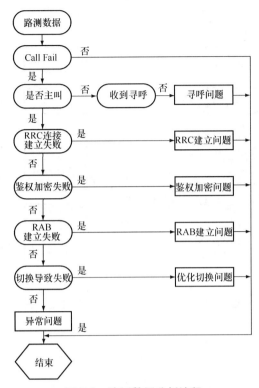

图 5-3　路测数据分析流程

寻呼问题分析流程如图 5-4 所示。

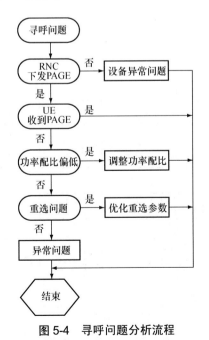

图 5-4　寻呼问题分析流程

RRC 建立问题分析流程如图 5-5 所示。

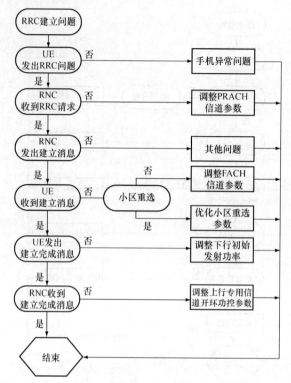

图 5-5 RRC 建立问题分析流程

话统指标分析流程如图 5-6 所示。

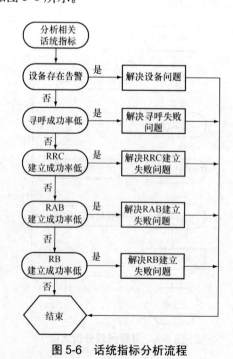

图 5-6 话统指标分析流程

5.1.4　接入失败分析案例

分析案例 1：弱覆盖导致接入失败

【案例描述】

数据准备：移动集团 TD-SCDMA 网络质量现场测试（乌鲁木齐）0518-101040.RCU。

现象描述：车辆由北向南行驶，主叫状态正常，但寻呼被叫时，被叫始终未能接收到寻呼信息，查看被叫状态时，发现由于被叫 UE 信号覆盖较弱导致未接通。

【案例分析】

事件时间可从多个地方获取，如 Events list 窗口中的"Outgoing Block Call"（主叫未接通）、"Outgoing Drop Call"（主叫掉话）、"Incoming Block Call"（被叫未接通）、"Incoming Drop Call"（被叫掉话），或软件导出的评估报表"TDSCDMAEvaluate.xlt"，其中第 3 个 sheet 名为"DT 详情"罗列了所有的通话事件，如图 5-7 所示。

序列	文件	语音业务详情					接通时服务-网络	服务网络	起呼时小区标识			
		主被叫	起呼时间	接通时间	挂机时间	结果			LAC	Cell ID	UARFCN (BCCH)	CPI (BSIC)
9	0518-101040	主叫	10:38:12.393	10:38:23.863	10:41:24.793	Outgoing Call End	TD	TD	####	######	10088	119
		被叫	10:38:13.981	10:38:22.031	10:41:23.541	Incoming Call End	TD	TD	####	######	10088	119
10	0518-101040	主叫	10:41:53.553			Outgoing Block Call		TD	####	######	10088	73
		被叫										
11	0518-101040	主叫	10:42:54.563	10:43:06.513	10:46:07.563	Outgoing Call End	TD	TD	####	######	10088	71
		被叫	10:42:57.662	10:43:06.112	10:46:07.732	Incoming Call End	TD	TD	####	######	10088	71
12	0518-101040	主叫	10:46:37.684	10:46:56.274	10:49:57.194	Outgoing Call End	TD	TD	####	######	10120	70
		被叫	10:46:49.375	10:46:55.925	10:49:57.475	Incoming Call End	TD	TD	####	######	10104	66
13	0518-101040	主叫	10:50:27.448	10:50:39.788	10:53:40.738	Outgoing Call End	TD	TD	####	######	10120	59
		被叫	10:50:30.915	10:50:39.535	10:53:41.085	Incoming Call End	TD	TD	####	######	10120	59
14	0518-101040	主叫	10:54:11.012	10:54:21.642	10:55:31.513	Outgoing Drop Call	TD	TD	####	######	10104	22
		被叫	10:54:13.648	10:54:21.358	10:55:20.273	Incoming Call End	TD	TD	####	######	10104	⚓

图 5-7　DT 详情

事件位置可从地图窗口获取，通过事件时间可在 Events list 窗口找到相应的事件，点击该条事件名称，地图窗口将自动显示事件位置，如图 5-8 所示。

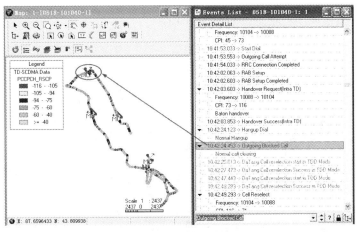

图 5-8　地图窗口显示事件位置

【详细分析】

第一步：查看主叫手机状态，如图 5-9 所示。

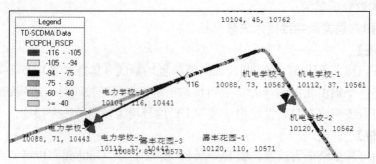

图 5-9　主叫手机状态一

主叫 UE 起呼占用 TD 小区机电学校-2，之后由于 RSCP 恶化切换到了电力学校-1，从图 5-10 中可见，切换完成后信号质量好转；主叫 UE 在此小区上行发送 setup 信令；但在 10：42：24.453 时刻，主叫手机上行发送 Diconnect 主动释放连接，初步判断未接通的原因可能在被叫。

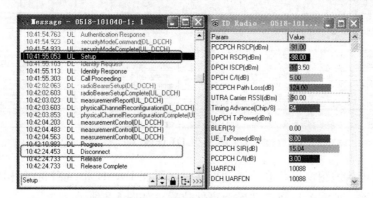

图 5-10　主叫手机状态二

第二步：查看被叫手机状态，如图 5-11 所示。

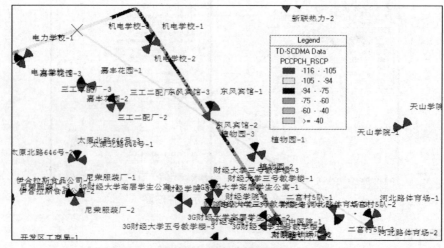

图 5-11　被叫手机状态一

被叫手机 PCCPCH RSCP 持续低于-95dBm，PCCPCH C/I 持续低于-3dBm，如图 5-12 所示，在主叫寻呼期间被叫一直未收到寻呼信息。

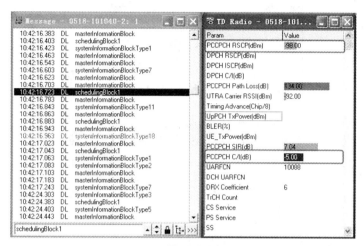

图 5-12　被叫手机状态二

主叫寻呼期间被叫手机先是从河北路体育场-2 小区，重选到马家庄-3（频点：10120，扰码：80），而后从该小区又重选回河北路体育场-2 小区。

第三步：综合判断。

从信令流程看，主叫手机一切正常，由于被叫未收到或不能正常解码寻呼信息导致本次未接通。

具体分析，在网络寻呼期间，被叫 UE PCCPCH RSCP 连续小于-95dBm，PCCPCH C/I 也一直低于-3dBm，显然是覆盖较差；因为被叫 UE 重选到了距离较远的马家庄-3，同时由于覆盖差，不能在此小区驻留；结合基站在公共信道上的发送功率为 36dBm，可判断此地区为非密集城区，怀疑是弱覆盖中的孤岛效应，如图 5-13 和图 5-14 所示。

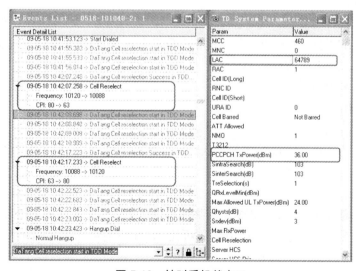

图 5-13　被叫手机状态三

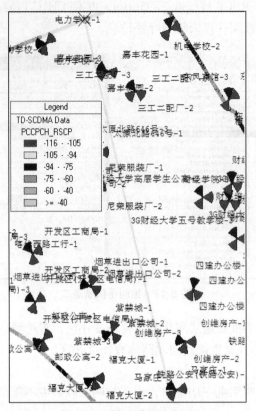

图 5-14　被叫手机状态四

【解决建议】

（1）调整马家庄-3 小区的工程参数，降低山脉、建筑物等对孤岛区域的反射和折射，将无线信号控制在本小区覆盖区域内，消除或降低孤岛区域的无线信号，消除孤岛区域对其他小区的干扰。

（2）若是无线环境复杂，无法完全消除孤岛区域的信号，则可以经过频率和扰码规划降低对其他小区的干扰，并根据实际路测情况配备邻区关系，使切换正常，能够保持通话。调整方法主要有以下几个方面：

① 调整工程参数；

② 调整功率；

③ 优化邻区配置。

（3）增强电力学校-1 小区的覆盖，从天线位置、挂高、方位角等方面查找原因。

分析案例 2：干扰大导致接入失败

【案例描述】

数据准备：移动集团 TD-SCDMA 网络质量现场测试（乌鲁木齐）0520-162154.RCU。

现象描述：车辆由南向北行驶，在建筑研究所-2 由于主叫 UE 受到下行干扰产生未接通。

【案例分析】

第一步：查看主叫手机状态，如图 5-15 和图 5-16 所示。

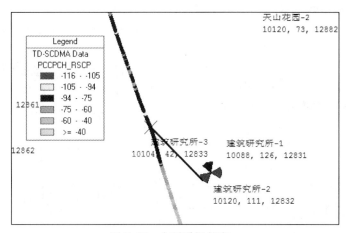

图 5-15 主叫手机状态一

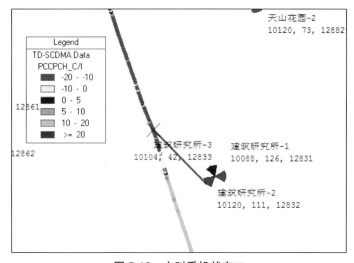

图 5-16 主叫手机状态二

主叫手机 4 次上行发送 rrcConnectionRequest 信令，一直未得到网络的响应，此过程中覆盖良好，如图 5-17 所示。

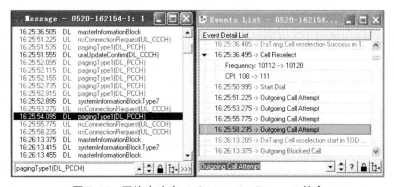

图 5-17 网络未响应 rrcConnectionRequest 信令

由于主叫发起 rrcConnectionRequest 的过程中，PCCPCH C/I 在 80ms 时间内由-1dBm 迅速恶化到-8dBm 并持续，初步判断是由于干扰引起未接通，如图 5-18 所示。

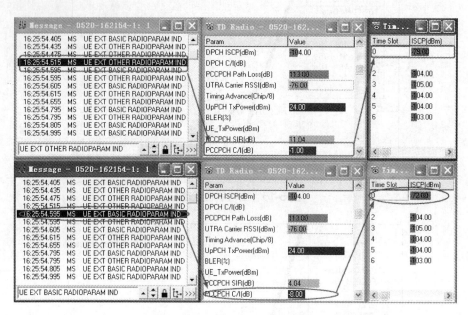

图 5-18　PCCPCH C/I 迅速恶化

第二步：综合判断，主叫 UE 占用 TD 小区建筑研究所-2，起呼时连续 4 次向网络发送 RRC 连接请求，但由于 PCCPCH ISCP 较强（-72dBm），引起 PCCPCH C/I 恶化，同时 UE 为满功率发射状态，由此判断，接入失败区域存在着严重的下行干扰。

【解决建议】

在问题区域内选择较高的建筑，在天面上进行排查（注意一定不要在地面上直接进行扫频干扰排查，如果在地面上进行排查很难发现问题，只有在干扰已经十分严重的情况下才会在地面发现存在干扰），并逐步在确定干扰源的方位。最终确定干扰源的准确位置。

发现干扰源后可以通过与用户沟通，暂时关闭可疑干扰源来判断是否准确。

分析案例 3　被叫位置更新导致接入失败

【案例描述】

数据准备：移动集团 TD-SCDMA 网络质量现场测试（乌鲁木齐）0517-164431.RCU。

现象描述：车辆由北向南行驶，起呼时刻主叫占用金谷小区-3，在车辆行驶过程中，主叫 UE RSCP 值变差，于是切换到创维房产-1 小区，切换后状态良好。然而在寻呼期间，被叫 UE 刚从 GSM 重选至 TD，因位置更新无法响应寻呼，产生未接通。

【案例分析】

第一步：查看主叫手机状态，如图 5-19 所示。

由信令可见，主叫已上行发送 Setup 信令，且 16：48：53 时刻，主叫上行发送 Disconnect 主动释放连接，初步判断接入失败是由被叫引起的，如图 5-20 所示。

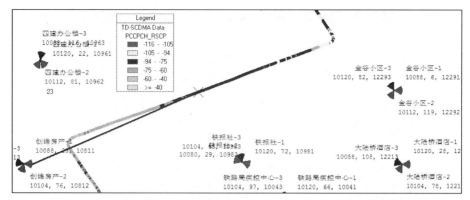

图 5-19 主叫手机状态

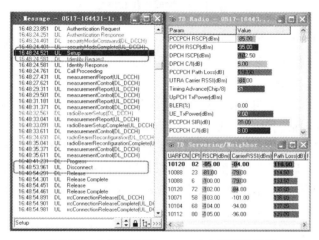

图 5-20 上行发送 Disconnect 主动释放连接

第二步：查看被叫手机状态，如图 5-21 和图 5-22 所示。

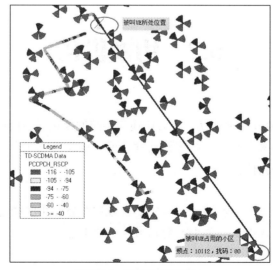

图 5-21 被叫手机状态一

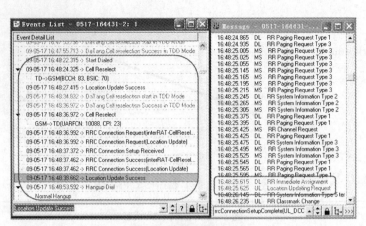

图 5-22　被叫手机状态二

本次呼叫前，被叫占用的 TD 小区（频点：10112，扰码：80）距离终端太远，且终端测量不到其他的 TD 临区，所以被叫 UE 立即重选到 2G，又再次从 2G 重选回另一个 TD小区（频点：10088，扰码：23）。

第三步：综合判断，主叫 UE 占用 TD 小区创维房产-1 发起呼叫，状态良好。被叫 UE在本次呼叫之前的通话过程中占用医学院门诊-1 小区（频点：10112，扰码：80）；通话释放后，该小区信号迅速恶化，触发了异系统重选的门限，于是终端从 TD 网重选至了 GSM网，又再次重选回到 TD 网。连续的两次重选以及位置更新所占用的时长是 16s，期间终端无法响应网络的寻呼信息，而网络一般在连续的 12s 内周期性下发对被叫的寻呼信息，故此导致了本次的未接通。

【解决建议】

考察地形地貌，调整工程参数，降低山脉、建筑物等对孤岛区域的反射和折射，将无线信号控制在本小区覆盖区域内；合理调整系统间重选参数设置。

5.2　切换优化

TD-SCDMA 的切换分为硬切换、接力切换和系统间切换。切换过程涉及测量控制、切换判决和切换执行等诸多方面，是系统移动性管理的重要组成部分，切换成功率也是系统移动性管理性能的重要指标。

5.2.1　切换原理

切换从本质上说是为了实现移动环境中语音数据业务的小区间连续覆盖而存在的，从现象看是为了把无线接入点从一个小区换到另外一个小区。

1. 基本概念

激活集：当前给 UE 分配下行 DPCH 的 TD-SCDMA 小区。

监视集：激活模式下，RAN 要求 UE 监测的所有小区的集合，目前应该是 CELL-LIST 中的小区列表中的小区集。

候选集：当前尚不在激活集中，但是经过 UE 测量，认为其具有足够的信号强度，相应的 DPCH 可以被成功解调的小区的集合。UE 将这些小区上报给 RAN。

内部邻小区：和主服务小区同属一个 RNC 的邻小区，即称之为内部邻小区。

在配置邻接小区时，需要关注的参数为"邻接小区 CID"、"是否读取目标小区 SFN 指示"、"服务区和邻小区质量偏移"、"惩罚时间"、"临时偏移值"。

外部邻小区：和主服务小区不属于一个 RNC 的邻小区，即称之为外部邻小区。

在配置外部邻接小区时，需要获取以下无线参数：邻接小区所在移动国家码、邻接小区所在的移动网络码、邻接小区所在位置区、邻接小区所在 BC 域服务区码、邻接小区所在路由区码、小区个体偏移、小区满足选择/重选条件时接收电平的门限、小区切换开关、PCCPCH 信道发射分集指示、邻接小区所在的 RNC 标识、邻接小区 CID、相邻小区主载频信道、小区参数标识、PCCPCH 发送功率（dBm）、上行最大发射功率（dBm）、默认 DPCH 偏移量、阻塞 STTD 分集指示、TSTD 分集指示。

2．切换分类

（1）对于切换，按照小区所属逻辑位置可以分为小区内切换、同 Node B 内小区间切换、不同 Node B 的小区间切换、跨 RNC 切换、跨系统切换、跨 CN 切换等。

（2）按照切换触发条件可以分为边缘切换、质量差紧急切换、快速电平下降紧急切换、干扰切换、速度敏感性切换、负荷切换、分层分级切换等。

（3）按照切换控制方式可以分为网络控制切换（NCHO）、移动设备控制切换（MCHO）、移动设备辅助切换（MAHO）、网络辅助切换（NAHO），目前采用 MAHO 模式。

（4）按照切换机制可以分为硬切换和接力切换两种。其中，接力切换仅可以在 RNC 内执行。

3．切换过程

一般来说，切换具有 3 个典型过程，即切换测量过程、切换判断过程和切换执行过程。

测量过程的主要功能是对于 TD-SCDMA 系统中切换要求的参数进行测量，并且对于测量报告的结果进行检验。测量过程主要分为系统内的测量和系统间的测量，以及同频测量和异频测量。

决策过程的主要功能是根据网络和业务等各方面要求配置参数，并参考相应的门限值和测量结果给出切换判决结果，最终决定 UE 是否切换以及切换的目标小区。

执行过程的主要功能是当决策过程已经判决 UE 需要进行相应的切换时，通过 RNC 与 UE 的信令交互使 UE 与目标小区建立连接，并为 UE 分配相应的无线资源，从而完成 TD-SCDMA 系统切换。

5.2.2　切换问题产生的原因及优化方法

1．硬件故障导致切换异常

由于 TD-SCDMA 采用多通道智能天线系统，而良好的赋形，首先需要各个通道之间功率校正的一致性。如果功率校正通不过，将会导致赋形产生偏差，从而可能会导致系统切换失败。

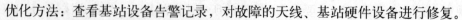

优化方法：查看基站设备告警记录，对故障的天线、基站硬件设备进行修复。

2. 同频同扰码小区越区覆盖导致切换异常

优化方法：针对同频同扰码情况，我们要经过具体分析后采用不同方法解决。如果是因为规划问题导致相距比较近的小区（会出现重叠覆盖区域）出现同频同扰码就需要对小区所使用的频率或扰码进行重新规划调整，避免同频同扰码现象。如果两站相距位置比较远同频同扰码情况是由于单个小区越区覆盖引起的，需要对发生越区覆盖的小区的天线方向角、俯仰角、小区最大发射功率进行调整，必要时还需要降低天线高度。

3. 越区孤岛切换问题

优化方法：对发生越区覆盖的小区的天线方向角、俯仰角、小区最大发射功率进行调整，必要时还需要降低天线高度。如果上述方法均不可行，可添加邻区关系，使切换正常。

4. 目标邻小区负荷过高（或部分传输通道故障），导致切换失败

优化方法：如果目标小区负荷高导致切换失败，在目标小区质量允许的情况下可以调整目标小区的切换允许下行功率门限、切换允许上行干扰最大门限、下行极限用户数等参数。必要时可通过扩容来提高目标小区容量。针对目标小区传输通道故障可通过相关故障修复来解决。

5. 目标小区上行同步失败导致切换失败

优化方法：增加目标小区的 UpPTS 期望接收到的功率、加大功率步长及增加 UpPCH 信道的发射试探数等，但这些参数的调整要十分小心，如果参数调整不适当会加剧上行同步信道干扰，从而引起更高的信道 ISCP 值抬升。

6. 源小区下行干扰严重导致切换失败

优化方法：查找干扰源，对常见的系统外干扰，如 PHS 系统通过调整扇区天线方向角或增加屏蔽网来规避干扰；对系统内同频干扰可通过修改干扰小区频率或调整方向角及俯仰角来降低干扰。

7. 无线参数设置不合理导致切换不及时

如果切换触发事件上报不够及时，将会导致切换不够及时，从而导致切换失败和通话质量变差的可能性。

优化方法：修改切换参数门限，包括调整切换迟滞量、修改小区个性偏移、减少切换时间延迟等参数。

5.2.3 切换问题的优化流程

切换问题分析优化流程和其他问题的优化流程的基本思路是一致的，如图 5-23 所示。切换问题的搜集途径一般有网管后台性能统计报表、DT 路测、用户投诉信息分析等。

在赶赴工程现场后，需要和项目负责人、运营商维护经理等相关人员开会确定需要解决的问题以及优化 KPI 指标。

（1）小区移动性能报表

小区移动性能报表主要统计的内容有：同频接力切换成功率（小区切换出）、同频接力切换成功率（小区切换入）、异频接力切换成功率（小区切换出）、异频接力切换成功率（小区切换入）、同频硬切换成功率（小区切换出）、同频硬切换成功率（小区切换入）、同频硬切换成功率（RNC 间切换出）、异频硬切换成功率（小区切换出）、异频硬切换成功率（小

区切换入）。

通过对以上性能报表和切换相关的指标的统计，就可以判断一个小区在切换上是否存在异常之处。

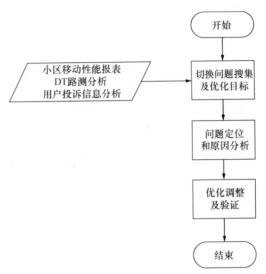

图 5-23　切换问题分析优化流程图

（2）DT 路测分析

通过评估性的 DT 路测也是切换问题搜集的一种手段，特别是对于业务量不高或者尚未投入商用的 TD-SCDMA 无线网络而言。

（3）用户投诉信息分析

运维客服中心搜集到的用户投诉信息中，对于掉话较多的一些区域，切换掉话是主要的原因之一，需要对覆盖相应区域的小区重点进行切换分析。特别是对于切换不及时或者乒乓切换等需进行重点分析。

对于切换问题的定位，一般可以通过 OMC 后台网管提供的信令跟踪（有条件的话，可以使用专门的信令跟踪仪进行信令跟踪和相应的分析），另外可以通过有针对性的 DT 路测来定位无线接口原因切换问题，并根据具体情况综合进行分析。

对于切换问题的解决，可以通过调整小区无线切换参数、负荷控制、接纳控制等相关参数来提高切换性能，降低掉话等负面影响。

验证方法主要通过优化后有针对性的 DT 路测评估以及切换性能统计结果。

最终优化调整结果需要得到项目负责人和运营商维护经理等相关人员的认可。

5.2.4　切换问题分析案例

分析案例 1：切换失败导致掉话

【案例描述】

数据准备：移动集团 TD-SCDMA 网络质量现场测试（乌鲁木齐）0518-181515-2.RCU。

现象描述：车辆由西北向东南行驶，首先占用新大北校区-2，由于 RSCP 逐渐变差，触发向友好大酒店-3 的同频切换门限；但切换失败，回滚源小区成功，故未产生掉话；继续前行的过程中，网络再次下发向友好大酒店-3 切换的指令，此时切换再次失败并且产生掉话，如图 5-24 所示。

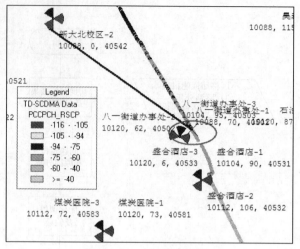

图 5-24　切换失败路线图

【案例分析】

查看掉话手机状态，如图 5-25 和图 5-26 所示。

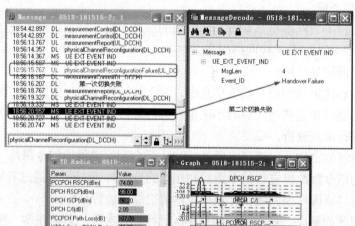

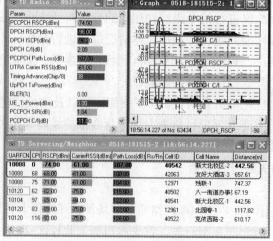

图 5-25　掉话手机状态一

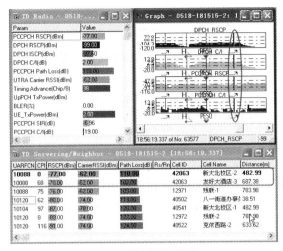

图 5-26 掉话手机状态二

【分析原因】

比较上面两幅图可见，终端两次尝试向同一同频临区切换时，均存在 PCCPCH C/I 较差的情况，可以初步断定是由于下行干扰严重，引起切换失败，随后立即掉话。

【解决建议】

查找干扰源，对常见的系统外干扰如 PHS 系统通过调整扇区天线方向角或增加屏蔽网来规避干扰；对系统内同频干扰可通过修改干扰小区频率或调整方向角及俯仰角来降低干扰。

分析案例 2：邻区漏配的切换优化

【案例描述】

在某城市 DT 测试时，发现在 A 站 T2 小区和 B 站 T2 小区之间存在多次切换失败问题，并且位置点固定；多次长呼测试均未找出失败原因，每次都是物理信道重配失败；UE 挂机后，UE 重选至 C 站的 T1 小区，并且 C 站 T1 小区的信号较强，达到-70dBm，如图 5-27 所示。

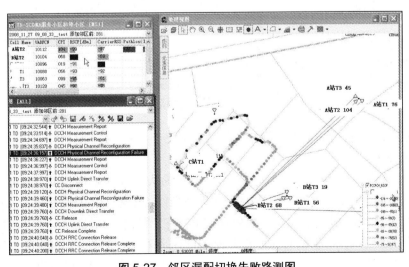

图 5-27 邻区漏配切换失败路测图

【案例分析】

分成若干小组，以讨论的形式解决以下问题。

（1）邻区过多或过少对网络有何影响，邻区的数量一般不能超过多少？

（2）邻小区规划应遵循哪些基本原则？

（3）码规划时，相邻小区为什么不能使用同频同码字？

（4）邻区漏配为什么会引起切换失败？

【案例实施】

（1）测试数据分析

由于 AT2 没有同 CT1 配置邻区关系，在 AT2 小区边缘 UE 就发起向 BT2 的切换，UE 在收到 AT2 下发的物理信道重配置消息后，同 BT2 进行上下同步，但是由于 CT1 对 BT2 的下行是一个较强的干扰，导致 UE 不能与 BT2 进行上行同步。

（2）方案实施

配置 AT2 与 CT1 之间的双向邻区。

（3）优化效果

邻区配置完成后，通过现场的多次测试，没有发现 AT2 同 BT2 之间的切换失败，切换关系改为 AT2 为 CT1。优化效果如图 5-28 所示。

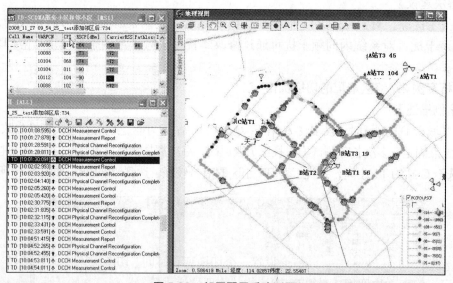

图 5-28　邻区配置后路测图

分析案例 3：切换惩罚时间设置过大的切换优化

【案例描述】

在路测中，发现有切换不及时现象。具体表现为从 A 小区切换到 B 小区后，UE 发现 A 小区的信号强度又高于 B 小区，并满足了切换条件，于是上报了测量报告，但 RNC 收到此测量报告后没有判决切换（即下发物理信道重配置消息），导致 UE 在较长时间内无法切换回 A 小区，而一直占用信号强度相对较差的 B 小区，造成业务质量下降；直到过了较长时间后，UE 重新上报测量报告（其中包含非 A 的目标小区），RNC 判决切换下发"物理信道重配置"消息，UE 切换到新的非 A 目标小区，业务质量得到改善，如图 5-29 所示。

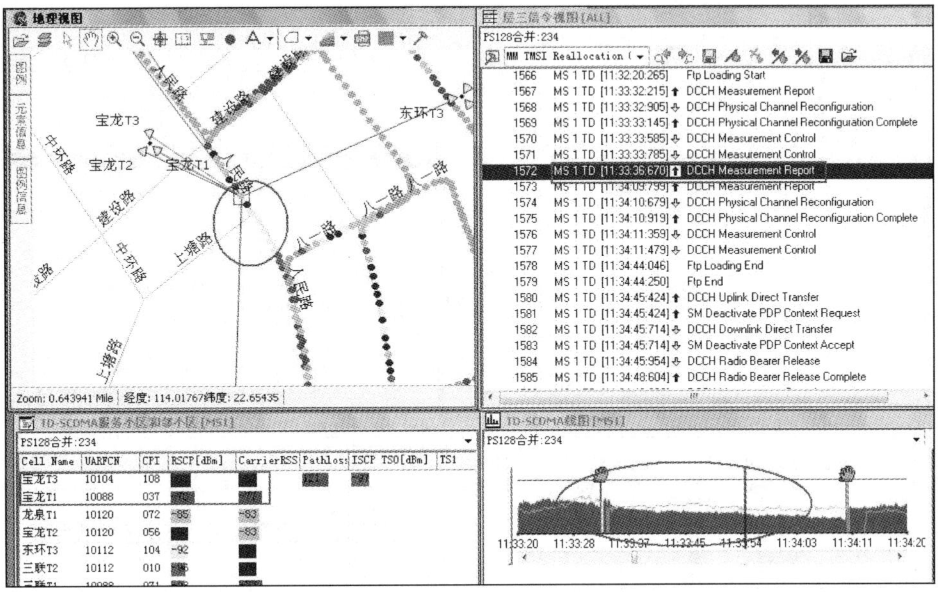

图 5-29　优化前 PCCPCH-RSCP 覆盖图

【案例分析】

分成若干小组，以讨论的形式解决以下问题。

（1）切入 UE 惩罚时间定时器参数的含义是什么？该参数的调整对网络有何影响？

（2）切换包括哪些典型过程？

（3）按照切换触发条件可以分为哪些切换？

（4）乒乓切换产生的原因主要有哪些？

（5）进行 DT 路测时，为什么需要进行往返性切换测试？

【案例实施】

（1）测试数据分析

在信号复杂的区域，几个小区的信号强度差不多并交替变强，这时会发生乒乓切换问题。在路测中就会遇到此类现象。因此，为了避免过多的乒乓切换可能引起的掉话及用户感受变差的问题，在网络中，一般会设置一个切换惩罚时间。切换惩罚时间于 RNC 成功收到 UE 上报的上一次切换成功（A→B）的"物理信道重配置"消息开始计时。当 UE 检测到已切出的原服务小区（A）的信号强度高于当前服务小区（B）且满足切换条件后，UE 会上报测量报告，RNC 在进行判决时会首先考量惩罚时间，若惩罚时间已过，则按照正常流程进行判决，否则判决为不满足，不会下发"物理信道重配置"消息。当切换惩罚时间过长时，UE 在上报测量报告后，一直等 RNC 的判决，直到过了较长时间才再发一次包含非原目标小区的测量报告。

（2）方案实施及优化验证

将切换惩罚时间减小，使 UE 能及时地切换回信号质量较好的小区，以保证业务服务质量，同时又要避免出现乒乓切换。优化后 PCCPCH-RSCP 覆盖图如图 5-30 所示，可以看到，切换惩罚时间调整后，UE 能及时地切换到信号质量最好的小区，保证了业务的质量。

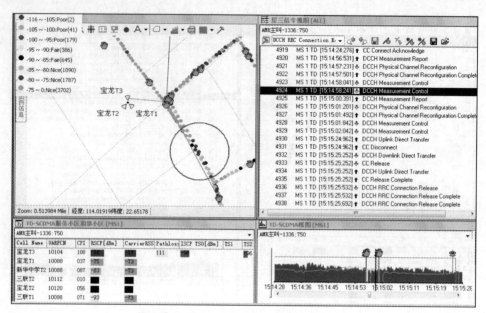

图 5-30　优化后 PCCPCH-RSCP 覆盖图

第 6 章 TD-LTE 简介

6.1 TD-LTE 性能需求

1. TD-LTE 发展历程

早在 2004 年 11 月，3GPP 就决定开始 3G 系统的长期演进（Long Term Evolution）的研究项目工作。作为一种先进的技术，LTE 在峰值数据速率、小区边缘速率和频谱利用率方面都得到提高，且能够和现有 2G/2.5G/3G 系统共存。

在 2005 年 6 月在法国召开的 3GPP 会议上，大唐移动联合国内厂家，提出了基于 OFDM 的 TDD 演进模式的方案，在同年 11 月，在汉城举行的 3GPP 工作组会议通过了大唐移动主导的针对 TD-SCDMA 后续演进的 LTE TDD 技术提案。到 2006 年 6 月，LTE 的可行性研究阶段基本结束，规范制订阶段开始启动。在 2007 年 9 月，3GPP RAN37 次会议上，几家国际运营商联合提出了支持 TYPE2 的 TDD 帧结构，同年 11 月，在济州工作组会议上通过了 LTE TDD 融合技术提案，基于 TD 的帧结构统一了延续已有标准的两种 TDD （TD-SCDMA LCR/HCR）模式。在 RAN 38 次全会上融合帧结构方案获得通过，被正式写入 3GPP 标准中。

2010 年 10 月的 ITU-R WP5D 会议上，LTE-Advanced 技术和 802.16m 技术被确定为最终 IMT-Advanced 阶段国际无线通信标准。我国主导发展的 TD-LTE-Advanced 技术通过了所有国际评估组织的评估，被确定为 IMT-Advanced 国际无线通信标准。

LTE 在无线接入网（RAN）侧采用了 OFDM（正交频分调制）技术。OFDM 技术源于 20 世纪 60 年代，其后不断完善和发展，随着信号处理技术的发展，90 年代后在数字广播、DSL 和无线局域网等领域得到了广泛应用。OFDM 技术具有抗多径干扰、实现简单、灵活支持不同带宽、频谱利用率高且支持高效自适应调度等优点，能够更有效地对抗宽带系统的多径干扰。

为进一步提高频谱效率，LTE 中还采用了 MIMO（多输入/多输出）技术。MIMO 技术利用多天线系统的空间信道特性，能同时传输多个数据流，从而可以有效提高数据速率和频谱效率。

2. TD-LTE 性能需求

在 LTE 系统设计之初，其目标和需求就非常明确，即降低时延、提高用户传输数据速率、提高系统容量和覆盖范围等。LTE 系统设计的目标为，在 20MHz 系统带宽配置下，达到下行 100Mbit/s（2 付天线接收），上行 50Mbit/s（1 付天线发送）的系统峰值数据速率。主要性能目标如下：

① 支持 1.4MHz 、3MHz、5MHz、10MHz、15MHz 和 20MHz 带宽，灵活使用已有或新增的频段；并以尽可能相似的技术支持"成对"频段和非"成对"频段，便于系统灵活部署；

② 峰值速率：20MHz 带宽条件下，上行 50Mbit/s（2×1 天线），下行 100Mbit/s（2×2 天线）；

③ 在有负荷的网络中，下行频谱效率（bit/s/Hz/）达到 3GPP R6 HSDPA 的 2~4 倍，上行频谱效率达到 R6 HSUPA 的 2~3 倍；

④ 在单用户、单业务流以及小 IP 包条件下，用户面延迟（单向）小于 5ms；

⑤ 控制面延迟：从空闲状态到激活状态的转换时间小于 100ms，从休眠状态到激活状态的转换时间小于 50ms；

⑥ 支持低速移动和高速移动。低速（0km/h~15km/h）性能较好，高速（15km/h~120km/h）下性能最优，较高速（350~500km/h）下的用户能够保持连接性；

⑦ 因此，与其他无线技术相比，LTE 具有更高的传输性能，且同时适合高速和低速移动应用场景。

⑧ LTE 系统中最主要的性能指标为吞吐量和时延，时延为数据在网络中传送所需要的环回(Round-trip)时间，分为用户面时延和控制面时延两类。每种数据技术都在努力降低时延，HSDPA 的时延小于 70ms，而 HSUPA 和 LTE 的时延则更低。

（1）吞吐量

系统峰值吞吐量取决于可用带宽以及 MIMO 模式，参见图 6-1。

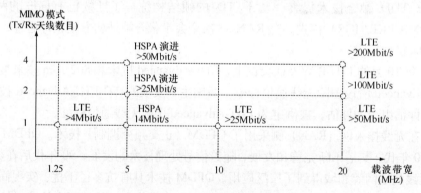

图 6-1 LTE 系统吞吐量

（2）控制面时延

LTE 控制面时延定义为驻留状态到激活状态的迁移以及从睡眠状态到激活状态迁移所需的时间。驻留状态类似 R6 版本中的空闲状态，激活状态则相当于 R6 中的 Cell_DCH 状态，睡眠状态相当于 R6 中的 Cell_PCH。从驻留状态转换到激活状态时，假设 UE 已经附着到网络中，无需鉴权和附着过程，则在不考虑下行寻呼时延和 NAS 信令时延的情况下，规范要求转换时延小于 100ms。不考虑 DRX 间隔时，规范要求睡眠状态与激活状态之间的转换时延小于 50ms。UE 时延如图 6-2 所示。

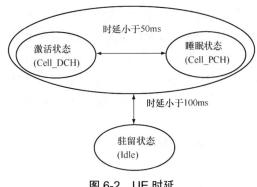

图 6-2　UE 时延

控制面时延受传输时延、重传机制和底层协议及链路的影响较大。在 LTE 系统中，采用缺省无线承载以及底层消息直接承载 NAS 消息的传送方式可以显著降低总时延。

（3）用户面时延

用户面时延定义为数据包在 UE 与 RAN 的 IP 层之间传送的单向时延。在系统无负荷条件下，对于单用户和单数据流，采用有效载荷为 0 的 IP 包即只采用 IP 包头进行传送时，规范要求用户面时延小于 5ms。

单用户和单数据流意味着没有其他用户和数据流的影响，空口和接口上能够立即进行调度，因而不存在排队和调度时延。另外，对于单用户来说，无线资源利用率不是问题，所以可以假定不存在拥塞，因而不存在 RLC 层重传和 HARQ 重传。最后，小的 IP 包表示数据包可以放到一个子帧中传送，无需分段和重组。采用定义所描述的条件可以获得用户面时延的最小值。对于负荷较大的系统，尤其对于低优先权的业务来说，排队和调度时延就比较大。

6.2　TD-LTE 网络构架

LTE 系统架构包括 E-UTRAN 与 EPC，其中 E-UTRAN 即无线部分，主要由 eNodeB 组成，EPC 为核心网部分，由 MME 和 S-GW 组成。eNodeB 之间可以通过 X2 接口进行互连，并通过 S1 接口连接到 CN 中，LTE 系统架构如图 6-3 所示。

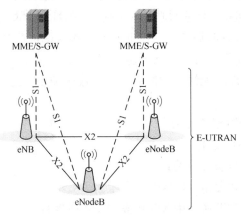

图 6-3　LTE 系统架构

为了降低控制和用户平面的时延，LTE 对 TD-SCDMA 系统中的 NodeB-RNC-CN 结构进行了简化，取消了 RNC 物理实体，将无线资源管理等功能集中到 NodeB 中，使得网元数目减少，网络架构更加扁平化，使得网络部署更为简单，网络的维护更加容易，另外由于取消了 RNC 的集中控制，能够避免产生单点故障，有利于提高网络稳定性。eNodeB 直接连接到 MME 和服务 SGW，有助于降低整体系统时延，从而改善用户体验，便于开展多种业务。

图 6-4 描述了逻辑节点（eNodeB、MME、S-GW）、功能实体以及协议层之间的关系以及功能划分。

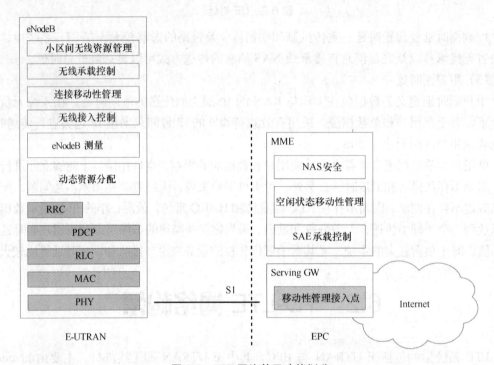

图 6-4　LTE 网络单元功能划分

LTE 的 eNode B 除了具有原来 Node B 的功能之外，还承担了原来 RNC 的大部分功能，LTE 的 eNode B 的功能包括：物理层功能（包括 HARQ）、MAC 层功能（包括 ARQ 功能）、RRC 功能（包括无线资源控制功能）、调度、无线接入许可控制、接入移动性管理以及小区间的无线资源管理功能等。具体包括下述功能：

① 无线资源管理功能：无线承载控制、无线接入控制、连接移动性控制、UE 的上下行动态资源分配（调度）；

② IP 头压缩及用户数据流加密；

③ UE 附着时的 MME 选择；

④ 路由用户面数据至服务网关；

⑤ 寻呼消息的组织和发送（由 MME 产生）；

⑥ 广播信息的组织和发送（由 MME 或 O&M 产生）；

⑦ 以移动性或调度为目的的测量及测量报告配置。

MME 负责处理与 UE 相关的信令消息。MME 有两个关键的功能，首先是 UE 的位置管理和移动性管理，其次是完成 UE 与任何 IP 节点之间的信息承载的建立。MME 的功能包括：寻呼消息发送，安全控制，Idle 态的移动性管理，SAE 承载管理，以及 NAS 信令的加密及完整性保护等。

服务 SAE GW（S-GW）：S-GW 是一个终止于 E-UTRAN 接口的网关，是用户面功能实体，负责为 UE 提供承载通道来完成分组数据的路由和转发。作为 3GPP 系统内的一个数据锚点，当 UE 在 eNodeB 之间切换或 2G/3G 和 SAE 之间切换时，S-GW 都不会发生改变，这种锚点功能可屏蔽切换对外部网络的影响；另外，S-GW 还需要完成 UE 在空闲模式下的下行数据包的缓存。在任意时刻，一个 UE 只会有一个 S-GW 为其服务。

另外，LTE 系统中还包括 PGW（即 PDN 网关）和 HSS 等网络单元。PGW 是连接外部数据网的网关，UE 可以通过连接到不同的 PGW 访问不同的外部数据网。PGW 主要包括执行从策略计费控制单元（PCRF）获取得 PCC（Policy & Charging Control）策略、基于用户的数据包的过滤、计费以及为 UE 分配 IP 地址等功能。HSS 是用于存储用户签约信息的数据库，归属网络中可以包含一个或多个 HSS，它负责保存用户相关的信息。

6.3 TD-LTE 物理层简介

LTE 下行采用正交频分复用（OFDM）技术作为其基本传输方案。在资源映射方面，LTE 采用高效的调度机制将上下行用户的数据分割成物理资源块，然后依赖高效的调度机制将来自多个用户的物理资源块数据复用在一个共享信道中。在导频结构方面，LTE 将一些特定的参考信号（Reference Signal, RS）插入物理资源块内进行传输，另外，LTE 下行采用空间分集技术和线性预编码等技术，利用多输入多输出（MIMO）信道提供分集增益，改善无线性能。

对于 LTE 系统来说，下行方向采用基于循环前缀（Cyclic Prefix, CP）的 OFDMA；上行方向采用基于循环前缀的单载波频分多址（Single Carrier-Frequency Division Multiplexing Access，SC-FDMA）。无论是下行 OFDMA 还是上行 SC-FDMA 都保证了使用不同频谱资源用户间的正交性。

OFDMA 中一个传输符号包括 M 个正交的子载波，实际传输中，这 M 个正交的子载波是以并行方式进行传输的，真正体现了多载波的概念。

SC-FDMA 系统也使用 M 个不同的正交子载波，但这些子载波在传输中是以串行方式进行的，正是基于这种方式，传输过程中才能够降低信号波形幅度上大的波动，避免产生带外辐射，从而降低了 PAPR（峰平均功率比）。

LTE 中在进行数据传输时，将上/下行时频域物理资源组成资源块（PRB），作为物理资源单位进行调度与分配。一个 PRB 在频域上包含 12 个连续的子载波，在时域上包含 7 个连续的 OFDM 符号（在 Extended CP 情况下为 6 个），即频域宽度为 180kHz，时间长度为 0.5ms。将 1 个符号与 1 个子载波共同定义为一个 RE。

6.3.1 OFDMA 与 SC-FDMA 简介

原理上 SC-FDMA 类似 OFDMA，但是在 OFDMA 中，每个子载波只承载与某个特殊符号相关的信息。例如，以 QPSK 调制方式生成的 OFDMA 信号，使用 $M=4$ 个子载波组。每个子载波都采用一个 QPSK 符号进行编码，那么 M 个子载波可同时并行发射 M 个 QPSK 符号，如图 6-5 所示。

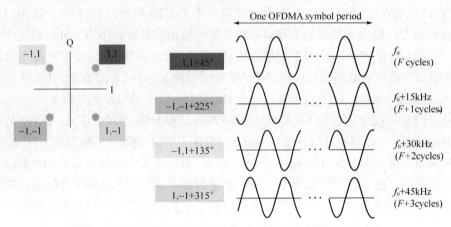

图 6-5　M 个子载波同时并行发射 M 个 QPSK 符号（OFDM）

4 个子载波合并信号的幅度变化很大，幅度变化大小取决于被传送的符号数据。多个载波的合成波形变得像高斯曲线而不是正弦波形，见图 6-6。

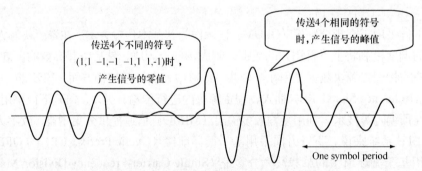

图 6-6　QPSK，$N=4$ SC，OFDM（举例）

在 SC-FDMA 中，每个子载波包含所有全部传输符号的信息。同样以 QPSK 调制方式生成的 SC-FDMA 信号举例，子载波数量 $M=4$。需传送的序列为 1，1，-1-1，-1，1，1，-1，采用 SC-FDMA 方式时，需首先产生 IQ 基带序列的时域符号。如图 6-7 所示。

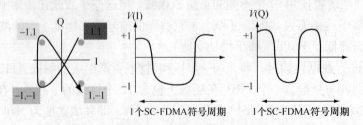

图 6-7　QPSK，$N=4$ SC，SC-FDMA（举例）

一个 SC-FDMA 符号的 IQ 支路在时域上生成后，将通过 DFT 变换把数据符号转换为频域符号。本例中执行长度 M 的离散傅立叶变换，采样速率为 M/符号周期，产生 M 个 FFT 采样点，间隔 15kHz。

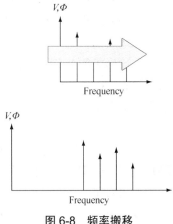

图 6-8　频率搬移

在一个 SC-FDMA 符号周期内待发送的数据符号数和 DFT 点数之间有着一一对应的关系。当一个 SC-FDMA 符号周期内的待发送的数据符号数量增加时，时域波形变化较快，产生一个较宽的信号带宽，因此需要更多的 DFT 点数才能在频域上完整地展现出来。值得注意的是，在 SC-FDMA 系统中，每个 DFT 子载波的幅度与相位和 QPSK 数据符号之间不再有直接关系，这与 OFDMA 系统是不同的。

下一步将 M 个子载波移位至整个系统带宽内合适的位置，如图 6-8 所示。此过程是一个将 M 个子载波移位至一个更大的 DFT 点数的频域空间中，即整个系统的工作带宽（1.4MHz～20MHz）。这 M 个子载波可以放在整个信道带宽的任何位置，通过 FDMA 的方式有效地区分上行用户。

接着进行 IFFT，产生频率偏移后的时域信号，然后插入循环前缀，确保峰均比和原始的 QPSK 数据符号相同，如图 6-9 所示。

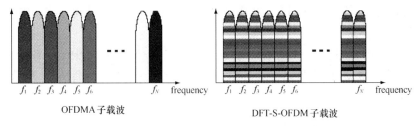

图 6-9　DFT-SOFDM 与 OFDM 技术的时域符号

图 6-10 清楚解释了 QPSK 符号序列是如何在时域和频域之间进行传送的。可以看到：

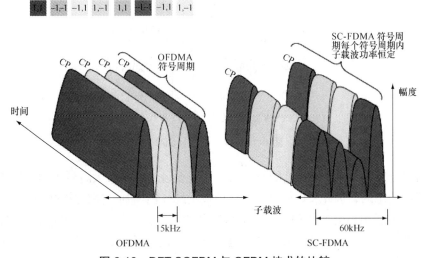

图 6-10　DFT-SOFDM 与 OFDM 技术的比较

① OFDMA：每个 OFDMA 符号周期的数据符号在频域上占据 15kHz；

② SC-FDMA：对 $1/N$ 个 SC-FDMA 符号周期，数据符号在频域上占据 $N \times 15$kHz；

总地来说，SC-FDMA 与 OFDMA 最关键的区别就是子载波映射之前的 DFT 预编码，从而导致形成的 IFFT 之后的波形不同。SC-FDMA 信号，输入数据流能够被 DFT 变换扩展到有效的一组子载波上，每个子载波被用来发射全部的调制符号信息。与此相反，OFDMA 信号中每个子载波只是用来发射相关的调制符号信息。下行 OFDM 形成的是多载波叠加的信号，而上行 DFT-s-OFDM 形成的是一个单载波信号。由离散分布的子载波表现的 SC-FDMA 信号实际是一个载波的数据。SC-FDMA 子载波并不是独立进行调制的。因而 PAPR 就比 OFDM 发射方式低得多。另一问题是，SC-FDMA 数据符号较短，是如何抵抗多径干扰的呢？在 OFDMA 系统中符号周期是恒定的，为 66.7μs；但是由于一个 SC-FDMA 符号包含 M 个子符号，其符号长度更短而且不是恒定的。OFDMA 系统是依靠较长的符号周期来抵抗多径干扰的，但实际上是每个子载波（并非数据符号）提供的抵抗时延扩展的能力。时变的 SC-FDMA 符号经 DFT 后在 SC-FDMA 符号周期内产生固定的 DFT 点，也就是说，SC-FDMA 的 M 个子符号经 DFT 过程后，频域上将产生 M 个子载波（非时变），因此较短的 SC-FDMA 数据符号也可获得多径保护的能力。

6.3.2 物理层特性

在 OFDM 系统中，为了消除多径造成的符号之间干扰，通常在每个 OFDM 符号之前增加保护间隔或者循环前缀（CP），这样可以消除多径带来的符号间干扰（ISI）和子载波间干扰（ICI）。

循环前缀（CP）为符号序列的循环复制，即将每个 OFDM 符号的后 T_G 时间内的样点复制到 OFDM 符号的前面，形成前缀，称之为循环前缀（CP），如图 6-11 所示。

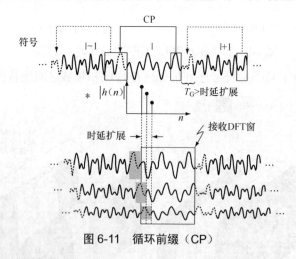

图 6-11　循环前缀（CP）

在系统设计时，要求 CP 长度能够远大于无线多径信道的最大时延扩展。但是由于 CP 是占用了系统资源的，因此 CP 长度过大将导致系统开销增加，系统容量下降。

多径时延扩展和小区半径和无线信道传播环境相关，一般的小区半径大，多径时延扩展也会大一些。同时 LTE 的单频点网络中也需要较大的 CP 长度。因此 LTE 定义了两种 CP 长度，其应用场景如下：

① 正常 CP，应用于小区环境，最优化 CP 开销；

② 扩展 CP，应用于时间弥散很大或者单频点网络操作的情况。

如图 6-12 所示，SC-FDMA 符号包括 N_d 个采样数据和一个循环前缀 CP。对于 10MHz 的带宽来说，N_d 为 1 024，5MHz 带宽下，N_d 为 512。正常 CP 长度 4.69μs，用来填充长度为 66.7μs 的 OFDM 符号，这类 CP 方式损失了大约 7%的容量承载能力，可以在 1.4km 的时延扩展范围内提供抗多径保护的能力。扩展 CP 的长度为 33.3μs，提供抗多径保护的时延扩展范围增加到 10km，但是损失了更多的容量承载能力。

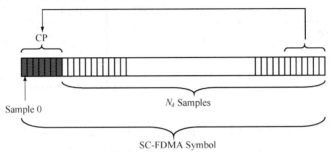

图 6-12　SC-FDMA 符号结构

LTE 系统中，子载波间隔 f=15kHz，对应着可用的符号时长 T_u=1/f≈66.7μs (2 048Ts)。整个 OFDM 符号的时长是可用的符号时长和 CP 长度 TCP 之和。LTE 中正常 CP 和扩展 CP，分别对应每帧 7 个 OFDM 符号和 6 个 OFDM 符号的情况。

基于以上分析，TD-LTE 详细的下行传输参数见表 6-1。

表 6-1　　　　　　　　　　　　　　TD-LTE 下行传输参数

系统带宽	1.4 MHz	3 MHz	5 MHz	10 MHz	15 MHz	20 MHz
时隙长度	0.5 ms					
子载波间隔	15 kHz					
采样频率	1.92 MHz (1/2 × 3.84 MHz)	3.84 MHz	7.68 MHz (2 × 3.84 MHz)	15.36 MHz (4 × 3.84 MHz)	23.04 MHz (6 × 3.84 MHz)	30.72 MHz (8 × 3.84 MHz)
FFT 点数	128	256	512	1024	1536	2048
占有子载波数(不含直流载波)	72	180	300	600	900	1200
PRB 个数	6	15	25	50	75	100
每时隙 OFDM 符号数(普通/扩展 CP)	7/6					
CP 长度 (μs) 普通	(4.69)　6，(5.21)　1*					
CP 长度 (μs) 扩展	(16.67)　6					

*注：普通 CP 时，为了满足每时隙包含整数个 OFDM 符号，第一符号的 CP 长为 5.21μs，而其他符号长度为 4.69μs。

上行传输相关参数如表 6-2 所示。

表 6-2　　　　　　　　　　　　TD-LTE 上行传输参数

系统带宽	1.4 MHz	3 MHz	5 MHz	10 MHz	15 MHz	20 MHz
时隙长度	0.5 ms					
子载波间隔	15 kHz					
采样频率	1.92 MHz(1/2 × 3.84 MHz)	3.84 MHz	7.68 MHz(2 × 3.84 MHz)	15.36 MHz(4 × 3.84 MHz)	23.04 MHz(6 × 3.84 MHz)	30.72 MHz(8 × 3.84 MHz)
FFT 点数	128	256	512	1024	1536	2048
占有子载波数（不含直流载波）	72	180	300	600	900	1200
PRB 个数	6	15	25	50	75	100

6.3.3　LTE 频段

国际上用于 LTE 的频率资源主要包括 4G 新频段，以及将原有 2G、3G 的频率资源重新规划用作 LTE。其中，4G 新频段集中在 700/800MHz、2.3GHz 和 2.6GHz 频段，2G/3G 频段的重新规划利用包括了 900MHz、1.7/1.8/1.9GHz、2.1GHz 等频率资源。

TD-LTE 使用的频率主要集中在 2.3GHz 和 2.6GHz。截至 2012 年 6 月，全球已经开通 9 个 TD-LTE 商用网络，其中 5 个使用 2.6GHz 频段，3 个使用 2.3GHz 频段，1 个使用 3.5GHz 频段。在目前全球 40 个 TD-LTE 试验网中，至少有 30 个使用了 2.3GHz 或者 2.6GHz 频段。

2G/3G 频率资源的升级利用又称为"频率重耕"，包括 900MHz、1.7/1.8/1.9GHz、2.1GHz 等频段。随着移动通信技术由 2G、3G 向 LTE 的发展，越来越多的国家开始规划相关频率资源的升级利用。从 2010 年开始，欧洲多个国家着手对 2G/3G 频段的频率进行重耕利用，进行了一系列频谱拍卖，主要是 900MHz 和 1 800MHz 频段。美国已经有多个运营商在 1.7/2.1GHz 频段开始部署 LTE。韩国的 LTE 频段全部位于原有 2G/3G 频段。日本运营商 DoCoMo 正在利用原有 WCDMA 系统的 1.9/2.1GHz 频段部署 LTE，后续日本原有 2G 移动系统使用的 1.5GHz 频段也将全面升级用于 LTE。

6.3.4　LTE 信道

逻辑信道是由所承载的信息内容进行区分的，传输信道是根据其在空中接口所需传输的数据特性（如自适应调制和编码）来区分的。物理信道则是空口用于传送信息的时频资源。

1. 逻辑信道

MAC 层提供不同种类的数据传输承载业务。每种逻辑信道类型可根据所承载的信息内容来定义。基本上逻辑信道分为两类：控制信道、业务信道。

（1）控制信道（用于传输控制面信息）

控制信道只是被用来传送控制层面的信息，MAC 层提供的控制信道包括：

① Broadcast Control Channel（BCCH）：下行链路信道，用来广播系统控制信息。

② Paging Control Channel（PCCH）：下行链路信道，网络不知道 UE 所在的具体小区时，该信道用来给 UE 发送寻呼消息。

③ Common Control Channel (CCCH)：该信道用来在 UE 和网络之间传送控制信息，UE 与网络之间没有 RRC 连接时使用该信道发送控制信息。

④ Multicast Control Channel (MCCH)：点到多点的下行链路信道，该信道用来发射 MBMS 控制信息，该控制信息对应于一个或者几个 MTCH 信道。该信道只用于 UE 接收 MBMS 业务。

⑤ Dedicated Control Channel (DCCH)：点到点双向信道，当 UE 和网络之间已经存在 RRC 连接后，该信道被用来传送 UE 和网络之间的专用控制信息。

（2）业务信道（用于传输用户面信息）

业务信道只被用来传送用户层面的信息，MAC 层提供的业务信道包括：

① Dedicated Traffic Channel (DTCH)：点到点双向信道，在 UE 与网络之间用来传送用户层面的专用信息。

② Multicast Traffic Channel (MTCH)：点到多点下行链路信道，被用来发射 MBMS 的业务数据给用户终端。该信道只用于 UE 接收 MBMS 业务。

2. 传输信道

LTE 系统灵活的设计中依据传输格式允许一个逻辑信道可以映射到几个不同的传输信道中的一个，不同的逻辑信道也可以复用在一起形成一个组合的传输信道。

下行传输信道如下。

① 广播信道（BCH）：预先定义的固定传输格式，需要在整个小区的覆盖区域进行广播。

② 下行共享信道（DL-SCH）：支持 HARQ、动态链路适配（如改变调制方式，编码方式和发射功率）；可以广播给整个小区，也可以支持波束赋形技术；支持动态和半静态资源分配；支持 UE 不连续接收（DRX）来节省电池；支持 MBMS 传输；支持慢速功率控制。

③ 寻呼信道（PCH）：支持 UE 不连续接收（DRX）来节省电池，由网络指示给终端 DRX 周期；需要在整个小区覆盖区域内广播该信道；该信道也可以承载其他控制信道或者业务信道。

④ 多播信道（MCH）：需要在整个小区覆盖区域内广播该信道；支持多个小区 MBMS 发射的 MBSFN 合并；支持半静态资源分配。

上行传输信道如下。

① 上行共享信道（UL-SCH）：支持波束赋形技术，支持动态链路自适应（如改变调制方式，编码方式和发射功率）；支持 HARQ；支持动态和半静态资源分配。

② 随机接入信道（RACH）：承载有限的 UE 上行控制信息，用于初始接入和没有上行授权时的数据发送。该信道存在碰撞冲突；使用开环功率控制。

3. 物理信道

根据所传送的内容和占用资源方式（频率和时间等）的不同，LTE 物理层协议定义了不同的物理信道，各物理信道传输的内容和调制方式各不相同。LTE 中，下行物理信道有6 种，上行物理信道有 3 种。

（1）下行物理信道

① PDSCH：下行物理共享信道，承载下行数据传输和寻呼信息。

② PBCH：物理广播信道，传递 UE 接入系统所必需的系统信息，如带宽、天线数目、小区 ID 等。

③ PMCH：物理多播信道，传递 MBMS（单频网多播和广播）相关的数据。

④ PCFICH：物理控制格式指示信道，表示一个子帧中用于 PDCCH 的 OFDM 符号数目。

⑤ PHICH：物理 HARQ 指示信道，用于 Node B 向 UE 反馈和 PUSCH 相关的 ACK/NAK 信息。

⑥ PDCCH：下行物理控制信道，用于指示和 PUSCH、PDSCH 相关的格式、资源分配、HARQ 信息，位于子帧的前 n 个 OFDM 符号（$n<=3$）。

（2）上行物理信道

① PUSCH：物理上行共享信道。

② PRACH：物理随机接入信道，获取小区接入的必要信息进行时间同步和小区搜索等。

③ PUCCH ：物理上行控制信道，UE 用于发送 ACK/NACK，CQI，SR，RI 信息。

除了物理信道外，还有一些物理信号专门的仅与物理层过程有关的信息，如参考信号、同步信号等，它们对高层而言不是直接可见的，但从系统功能的观点来讲是必需的。

上述逻辑信道、传输信道和物理信道之间的映射关系详见图 6-13 和图 6-14。

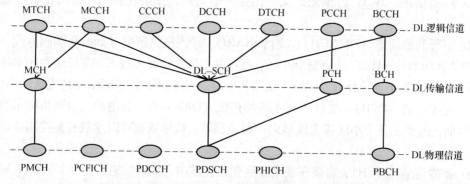

图 6-13　下行逻辑信道、传输信道到物理信道的映射

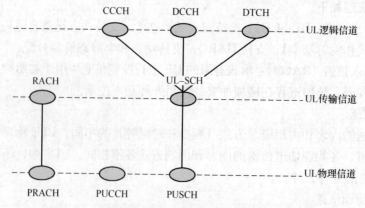

图 6-14　上行逻辑信道、传输信道到物理信道的映射

6.3.5　帧结构与资源块

LTE 支持两种基本的工作模式，即频分双工（FDD）和时分双工（TDD）；支持两种不同的无线帧结构，即 Type1 和 Type2 帧结构，帧长均为 10ms。前者适用于 FDD 工作模式，后者适用于 TDD。

每个无线帧的长度为 10ms，由 20 个时隙构成，每个时隙的长度为 $T_{slot}=15360 \cdot T_s=0.5ms$，其编号为 0～19。一个子帧定义为两个相邻的时隙，其中第 i 个子帧由第 $2i$ 个和第 $2i+1$ 个时隙构成。

1. TDD 帧结构

每个无线帧分为 8 个长度为 $30720 \times T_s=1ms$ 的子帧以及 2 个包含 DWPTS、GP 和 UpPTS 时隙的特殊子帧。DwPTS、GP 和 UpPTS 的长度也为 $30720 \times T_s=1ms$。子帧 1 和 6 都包含有 DwPTS、GP 和 UpPTS，其他子帧则由 2 个时隙构成。子帧 0 和 5 通常用为下行。如图 6-15 所示。

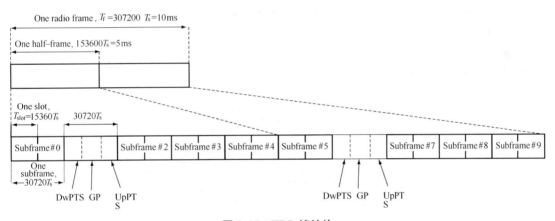

图 6-15　TDD 帧结构

DwPTS 和 UpPTS 的长度是可配置的，但是 DwPTS、UpPTS 和 GP 的总长度为 1ms。子帧 0、子帧 5 以及 DwPTS 只能用于下行传输。

TDD 系统支持 5ms 和 10ms 的切换点周期。5ms DL/UL 切换周期，特殊子帧在子帧 1 和子帧 6 的两个半帧中都存在。10ms DL/UL 切换周期，特殊子帧只在第一个半帧中存在，子帧 6 只是一个普通的下行子帧。5ms 配置主要为和 TD-SCDMA 共存，10ms 配置主要为和 HCR TDD 共存。

每帧对应的上下行链路子帧分配方式如下：

① 5ms 切换点：1DL:3UL, 2DL:2UL, 3DL:1UL；

② 10ms 切换点：6DL:3UL, 7DL:2UL, 8DL:1UL, 3DL:5UL。

如果切换点周期为 5ms，UpPTS、子帧 2 和子帧 7 预留用于上行传输。如果切换点周期为 10ms，两个半帧都包含 DwPTS，但只有第一个半帧包括 GP 和 UpPTS。第二个半帧的 DwPTS 长度为 1ms；UpPTS 和子帧 2 预留用于上行传输，子帧 5～9 预留用于下行传输。

TD-LTE 上下行时隙配置选项如表 6-3 所示。

表 6-3　　　　　　　　　　　　TD-LTE 上下行时隙配置

上下行配置	DL/UL 切换点周期	子帧序号									
		0	1	2	3	4	5	6	7	8	9
0	5 ms	D	S	U	U	U	D	S	U	U	U
1	5 ms	D	S	U	U	D	D	S	U	U	D
2	5 ms	D	S	U	D	D	D	S	U	D	D
3	10 ms	D	S	U	U	U	D	D	D	D	D
4	10 ms	D	S	U	U	D	D	D	D	D	D
5	10 ms	D	S	U	D	D	D	D	D	D	D
6	5 ms	D	S	U	U	U	D	S	U	U	D

"D"代表此子帧用于下行传输,"U"代表此子帧用于上行传输,"S"是由 DwPTS、GP 和 UpPTS 组成的特殊子帧。

图 6-16 所示是 LTE TDD 中支持的 7 种不同的上、下行时间配比,从将大部分资源分配给下行的"9:1"到上行占用资源较多的"2:3"。

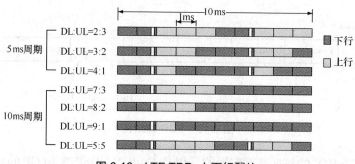

图 6-16　LTE TDD 上下行配比

上下行时间配比是 TDD 显著区别于 FDD 的一个物理特点。FDD 依靠频率区分上下行,因此其单方向的资源在时间上是连续的;而 TDD 依靠时间来区分上下行,所以其单方向的资源在时间上是不连续的,需要在上下行进行时间资源分配。上下行时间配比的范围可以从将大部分资源分配给下行的"9:1"到上行占用资源较多的"2:3",在实际使用时,网络可以根据业务量的特性灵活的选择配置。

为了节省网络开销,TD-LTE 允许利用特殊时隙 DwPTS 和 UpPTS 传输系统控制信息。特殊时隙中 DwPTS 仍是有效的下行资源(传输同步信道、下行共享控制信道等),UpPTS 也是有效的上行资源(传输随机接入、sounding 等),二者并不是额外的系统开销,它们承载的这些信道在 FDD 中也是需要的,只不过是放在其他地方传输而已,所以 TDD 频谱效率并不会因为增加了 UpPTS 和 DwPTS 而降低。但特殊时隙中 GP 是系统开销,无法用来传输有效信息。相比 FDD,TDD 多了 GP 开销,且 HARQ 的反馈延迟较长、控制信令有延迟等,这些通常会造成 TDD 的频谱效率比 FDD 略低。

LTE FDD 中用普通数据子帧传输上行 sounding 导频，而 TDD 系统中，上行 sounding 导频可以在 UpPTS 上发送。另外，DwPTS 也可用于传输 PCFICH、PDCCH、PHICH、PDSCH 和 P-SCH 等控制信道和控制信息。其中，DwPTS 时隙中下行控制信道的最大长度为两个符号，且主同步信道固定位于 DwPTS 的第 3 个符号。

2. 特殊符号结构

LTE 系统 CP 的长度决定了 OFDM 系统的抗多径能力和覆盖能力。TD-LTE 系统不同 CP 长度的 DwPTS/GP/UpPTS 长度见表。可以看到，3 个特殊时隙的总长度固定为 1ms，而其各自的长度可以根据网络的实际需要进行配置（如依据不同的小区覆盖半径分别进行配置），在技术规范中支持如表 6-4 所示的 9 种配置选项。从表中可以看出 UpPTS 的长度为 1~2 个符号；DwPTS 的长度为 3~12 个符号，其中，主同步信道位于第 3 个符号；相应的 GP 长度为 1~10 个符号，时间长度为 70~700μs，对应地支持 1~100km 的小区覆盖半径。

表 6-4 　　　　　　　　　　　DwPTS/GP/UpPTS 长度（OFDM 符号）

配置	正常 CP			扩展 CP		
	DwPTS	GP	UpPTS	DwPTS	GP	UpPTS
0	3	10	1	3	8	1
1	9	4	1	8	3	1
2	10	3	1	9	2	1
3	11	2	1	10	1	1
4	12	1	1	3	7	1
5	3	9	2	8	2	2
6	9	3	2	9	1	2
7	10	2	2	-	-	-
8	11	1	2	-	-	-

TDD 系统利用时间上的间隔完成双工转换，但为避免干扰，需预留一定的保护间隔（GP），在此期间，不能传送数据；保护间隔的大小与小区覆盖范围相关，覆盖范围越大，该 GP 也要求越大；TDD 系统与 FDD 系统的频谱效率差异主要在于此 GP，频谱效率随 GP 的开销增加而降低，由于 TDD 在 GP 期间无法传输数据，从而总体来看 TDD 系统频谱效率小于 FDD，但 TDD 无需成对频段分配，在网路部署上具有 FDD 无法比拟的优势和灵活性。

3. 资源块及其映射

资源单元（RE）是 LTE 无线系统中资源的最小组成单位，时域上为一个符号，频域上为一个子载波。在一个时隙它由 (k, l) 唯一标识，这里 $k = 0,...,N_{RB}^{DL} N_{SC}^{RB}$，$l = 0,...,N_{symb}^{DL}$ 分别是时频序号。

对于 15 kHz 子载波间隔和正常 CP，1 个 RB 的大小为 12 子载波 × 7 OFDM 符号。

每个时隙里的发射信号用资源格 RG（resource grid）进行描述，RG 由 $N_{RB}^{DL} N_{sc}^{RB}$ 个子载波和 N_{symb}^{RB} 个 OFDM 符号组成，RG 的结构如图 6-17 所示。N_{RB}^{DL} 的数量由该小区的下行传输带宽决定，应满足：$6 \leqslant N_{RB}^{DL} \leqslant 110$。

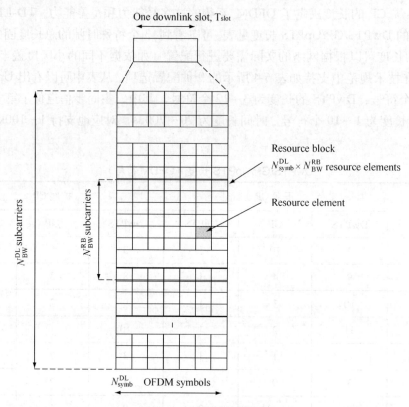

图 6-17　下行链路资源格

在多天线发射情况下，为每个天线端口定义了一个 RE，一个天线端口由与它相关的一个参考信号确定。支持的天线数目由小区参考信号配置决定。

小区特定的并且不以 MBSFN 发射的参考信号能够支持 1、2、4 个天线口，天线口序列 p 分别为 $p=0$，$p \in \{0,1\}$ 以及 $p \in \{0,1,2,3\}$。

以 MBSFN 方式发射的参考信号在天线端口 4 发射，UE 特定的参考信号在天线端口 5 上发射。

4. 资源块（RB）

资源块 RB 为业务信道资源分配的资源单位，其定义为：时域为 N_{symb}^{DL} 个连续的 OFDM 符号，频域为 N_{sc}^{RB} 个连续的子载波，因此由 $N_{symb}^{DL} \times N_{sc}^{RB}$ 个 RE 组成，在时域相当于 1 个时隙，在频域相当于 180kHz。N_{symb}^{DL} 和 N_{BW}^{RB} 的取值见表 6-5。可以看到，正常 CP 情况下，RB 的大小为时域上一个时隙，频域上占 12 个子载波。

表 6-5 　　　　　　　　　　　RB 组成

配　　置		N_{sc}^{RB}	N_{symb}^{DL}
正常 CP	$\Delta f = 15\,\text{kHz}$	12	7
扩展 CP	$\Delta f = 15\,\text{kHz}$		6
	$\Delta f = 7.5\,\text{kHz}$	24	3

下行物理资源块：总共 168 个 RE，其中 16 个 RE 预留给参考信号使用，20 个 RE 预留给 PDCCH 使用，132 个 RE 可以被用来传输数据。

上行物理资源块：总共包含 168 个 RE，其中 24 个 RE 预留给上行解调参考信号使用，12 个 RE 可以预留给探测参考信号使用，132 个 RE（使用探测参考信号）或者 144 个 RE（没使用探测参考信号）可用来传输数据。

上/下行物理资源块占用 RE 情况如图 6-18 所示。

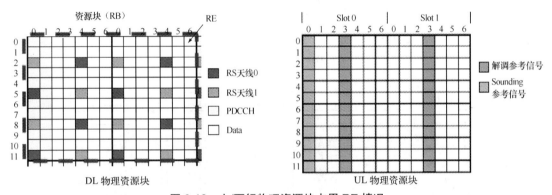

图 6-18　上/下行物理资源块占用 RE 情况

5. LTE-TDD 物理资源映射

TDD 系统的物理资源映射关系为：

① PBCH 总是映射在时隙 1（子帧 0）的前 4 个 OFDM 符号上；

② PSC：映射到子帧 1 和 6 的第 3 个 OFDM 符号（如映射到 DwPTS）；

③ SSC：映射到时隙 1 和 11 的最后一个符号。

具体如图 6-19 所示。

6. TDD 帧结构及映射关系举例

以 20MHz 带宽为例，TDD 帧结构说明如图 6-20 所示。

7. LTE-FDD 与 LTE-TDD 特性对比分析

LTE FDD 与 LTE TDD 采用同一个标准版本，基本特性无差异；核心网特性相同；同等特性下频谱效率相当。

TDD 非成对频谱，频谱更灵活；TDD 上/下行可以灵活配比，适于不对称业务；TDD 上/下行信道特性一致，信道信息更准确，性能更高；TDD 为半双工方式；Tx/Rx 简单。

TDD 上/下行之间存在转换时间，且覆盖距离受特殊子帧中 GP 长度的限制，因此造成覆盖受限，数据传送效率降低；由于 TDD 为不连续传输，导致功率和覆盖受限，需要小区

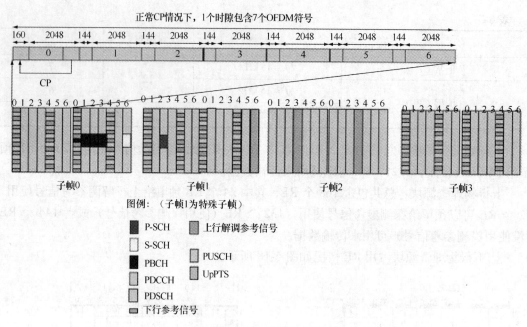

图例：（子帧1为特殊子帧）

- P-SCH
- S-SCH
- PBCH
- PDCCH
- PDSCH
- 下行参考信号
- 上行解调参考信号
- PUSCH
- UpPTS

图 6-19　TDD 物理资源映射

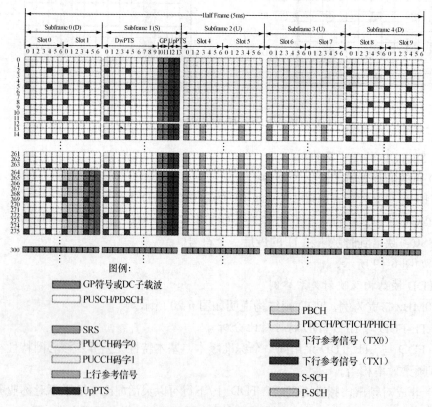

图例：
- GP符号或DC子载波
- PUSCH/PDSCH
- SRS
- PUCCH码字0
- PUCCH码字1
- 上行参考信号
- UpPTS
- PBCH
- PDCCH/PCFICH/PHICH
- 下行参考信号（TX0）
- 下行参考信号（TX1）
- S-SCH
- P-SCH

图 6-20　TDD 帧结构

同步；TDD 收发采用相同频率，因此不需要双工器，而是由转换矩阵来控制收发转换。TDD

的 HARQ 机制更为复杂，控制开销更多。

LTE-FDD 与 TD-LTE 平均吞吐量和频谱效率相同；由于采用双工方式，因此 LTE-FDD 的时延较 TD-LTE 为低，覆盖更好；在 20MHz 带宽条件下，累积峰值吞吐量特性相当，约为 95Mbit/s，但是如果采用 2×20MHz 以及 2×2 MIMO，则 FDD 的峰值吞吐量更好，可以达到 124Mbit/s。

TDD-LTE 和 FDD-LTE 容量规划非常类似，差异在于因帧结构、天线配置的不同导致小区的容量的具体值会有所不同，进而导致容量规划结果的差异。覆盖规划方面，由于 FDD 与 TDD 工作在不同频段，造成传播模型公式、穿透损耗会有所差异；FDD 无特殊子帧，10ms 内 10 个子帧可连续分配上行或下行业务；TDD 特殊子帧配置数可变，因此 10ms 内 10 个子帧只有部分子帧可供上行或下行业务使用，上行 10ms 内可使用帧数较少，造成相同天线配置时 TDD 覆盖弱于 FDD（通过 SINR 和 RB 数体现）。

第 7 章　TD-LTE 无线资源管理算法及关键技术

7.1　TD-LTE 无线资源管理算法

无线资源管理（RRM）就是对移动通信系统中有限的无线资源进行分配和管理，在确保业务服务质量要求（QoS）的前提下，实现资源使用率的最优利用，使系统性能、容量和覆盖都达到最佳状态。其主要作用：

① 确保业务所需的 QoS；

② 确保小区的覆盖和容量；

③ 充分利用频谱资源。

LTE 系统中，最主要的无线资源就是频率资源和时间资源。LTE 系统中，无线调度的最小单位是资源块（RB），它的频域为 180kHz，时域为 1ms。系统根据业务特性以及用户需求分配所需的 RB 资源，保证业务性能以及 QoS 需求。其次，功率资源在无线网络中的重要性也很大，因为它直接影响到覆盖率的大小和干扰的高低。最后是空间资源，MIMO技术在 LTE 中得到了大规模的应用，它正是利用空间信道的相关性来动态进行天线收发数量和模式的调整，以便获取性能和可靠性之间的均衡。

LTE 的 E-UTRAN 系统中，RRM 部分主要涉及几个功能，即接纳控制、负荷管理、移动性管理、小区间干扰协调、无线承载控制等。

（1）接纳控制

RAC 功能体位于 eNodeB，主要任务是接纳或拒绝新的无线承载的建立请求。其目标是确保更好地利用无线资源，同时要保证正在进行的会话的服务质量。

为了得到合理、可靠的判决结果，在进行接纳判决时，接纳控制需要考虑 E-UTRAN中无线资源状态的整体情况（包括资源的已使用情况和剩余情况）、正在进行中的会话的QoS 情况以及该请求新建无线承载的 QoS 需求。接纳控制的目标是在无线资源许可的情况下，在保证已接入承载的 QoS 的同时，尽可能多地接入承载，并保证接入承载的 QoS，提高系统的容量和资源利用率。简单来讲，只要有可用无线资源可用，即可接纳无线承载请求，如果影响到正在进行的会话，则拒绝新的无线承载的建立请求。

一般来说，建立新的无线承载发生在 RRC 连接建立／重建、初始上下文建立、E-RAB建立以及切换等场景下。

（2）负荷管理

负荷管理功能位于 eNodeB，其作用是在系统发生过载的情况下，采取措施使系统的负荷尽快恢复正常，以保持系统的稳定性，提高无线资源利用率、保证用户业务 QoS 并降低掉话率。其中，负荷过载是指系统的上行或下行负荷超过网络规划时设置的负荷过载门限，此时系统容量接近于极限，系统处于不稳定状态，需要采取措施降低系统负荷。负荷均衡算法可能触发切换或者小区重选的决策，以用于重新分配业务流，把高负荷小区的业务流分配到未充分利用的小区上。

负荷管理功能的实现需要实时测量各小区的负荷信息并在各邻区之间交互这些负荷信息，以供负荷管理功能选择负荷解决措施时使用。

（3）移动性管理

移动性管理功能位于 eNodeB，用于对空闲模式及连接模式下的无线资源进行管理。在空闲模式下，为小区重选提供一系列参数以确定最好的小区，使得 UE 能够选择新的服务小区。在连接模式下，支持无线连接的移动性，基于 UE 与 eNodeB 的测量结果进行切换判决，将连接从一个服务小区切换到另一个小区。切换决策还需要依据其他方面的信息，如小区负荷状况、业务量分布情况、UE 的移动速度等。移动性管理还包括无线接入技术之间的连接移动性管理，即无线接入技术之间的切换，也涉及基于覆盖、基于负荷和基于业务等的切换。

（4）小区间干扰协调

在 LTE 系统中，OFDM 技术保证了小区内用户之间的正交性，较好地解决了小区内干扰的问题，但在同频组网场景下，小区间干扰依然存在。小区间干扰协调（ICIC）技术可用于降低小区间干扰，保证用户的 QoS。小区间干扰协调本质上是一种多小区无线资源管理功能，它需要同时考虑来自多个小区的资源使用状态信息和业务负载状态信息，通过小区间协调的方式对用户资源的使用进行限制，如限制可用时频资源，以及特定时频资源上的发射功率，从而达到避免和降低干扰、保证边缘覆盖速率的目的。

（5）无线承载控制

无线承载控制功能位于 eNodeB，包括无线承载的建立、保持、释放等功能，主要用于建立维护和释放无线承载包括配置与其关联的无线资源。

当为一个业务建立一个无线承载时，无线承载控制要考虑 E-UTRAN 整体资源状况、正在进行的会话的 QoS 需求和新业务的 QoS 需求。另外，正在会话中的无线承载由于移动性或其他原因而改变无线资源环境时，或者无线承载在会话终止、切换或其他场景下，需要释放无线资源时，多需要采用无线承载控制功能予以管理。

7.2　TD-LTE 关键技术

为了更好地实现各种无线资源管理算法和功能，LTE 系统中采用了多种技术和手段来提升网络性能，降低系统干扰，如功率控制、干扰控制、调度以及 MIMO 等，下面予以详细论述。

1. 功率控制和分配

(1) 基本原理

无线系统中，采用合理的功率进行收发可以降低系统干扰，保证业务质量，降低设备功率消耗。

LTE 系统中，上行采用 SC-FDMA 技术，下行采用 OFDMA 技术，小区内不同 UE 的信号之间互相正交，不存在 TD-SCDMA 系统中的远近效应问题。因此，LTE 中的功率控制实现机制与 TD-SCDMA 系统有所区别，具体表现如下。

① 下行方向上不采用功率控制。

下行方向上，频域调度能够避免在遭受干扰的 RB 资源上传送数据，且采用功控会扰乱下行 CQI 测量，影响下行调度的准确性，因此下行不使用功率控制，而是根据 CQI 信息来对 UE 进行功率分配，以实现各个用户之间的功率资源的合理配置。

下行链路上，eNodeB 发射功率被所有参与调度的 UE 所共享，下行功率分配算法能够提升 UE 的覆盖和系统容量，具体表现为：UE 处于不同地理位置上时，路径损耗和阴影衰落有所不同，为 UE 分配适当的功率，就能够满足系统覆盖要求，扩展小区范围；另外，通过调整分配给每个 UE 的发射功率，以尽可能小的功率满足 SINR 需求，还可以提高系统容量。

② 上行采用慢速功控。

上行采用慢速功控对 UE 进行功率控制，以降低 eNodeB 所接收到的小区间干扰的均值，补偿通路损耗和部分阴影衰落，实现小区边缘性能和系统总体频谱效率之间的均衡。慢速功控可以由 eNodeB 发送功率控制信令来实现，也可以由 UE 根据通路损耗值来自行决定发射功率。

LTE 上行链路上，发射功率为每个 UE 所独享。对邻区的干扰主要来自边缘用户，如果单纯地提高边缘小区的发射功率，就可能增加系统内干扰。因此，LTE 中上行采用部分功率控制的方式，通过限制小区边缘 UE 功率提升的幅度，牺牲本小区的性能来换取邻区干扰的降低，使整网容量得到提升。

上行方向上的功率机制作用在上行共享信道 PUSCH、上行控制信道 PUCCH 以及 SRS 上，其实现机制有所不同。另外，LTE 中上行功率控制的目的是提高系统的总体频谱效率，抑制小区间干扰。因此，它与单纯的单小区功控方式有区别。单小区功控只用于路损补偿，当一个 UE 的上行信道质量下降时，eNodeB 根据该 UE 的需要指示 UE 加大发射功率。但当考虑多个小区的总频谱效率最大化时，简单地提高小区边缘 UE 的发射功率，反而会由于小区间干扰的增加造成整个系统容量的下降。LTE 系统中采用部分功率控制的方式，通过系数来限制小区边缘 UE 功率提升的幅度，以保证系统总体容量的最大化。

(2) 实现机制

根据功率控制的作用方式，上行可以分为开环功率控制和闭环功率控制两种类型。

• 开环功率控制作用于信道初始建立阶段，用以确定初始发射功率。eNodeB 根据业务质量要求和信道质量要求等信息，计算出初始功率。

- 闭环功率控制：根据业务进行过程中 UE 的反馈信息或者 eNodeB 的测量信息，动态地调整信道发射功率。

LTE 系统中，不同数据速率下，带宽和 MCS 不同，因此 UE 的发射功率也随之发生变化。因此，上行功率控制不能控制 UE 的绝对发射功率，而是针对功率谱密度（PSD）即控制每赫兹上的功率来进行。当数据速率发生变化时，总的发射功率相应地进行调整，以便 PSD 保持不变。

通过 LTE 上行功率控制算法，可以使得不同条件下的 UE 获得相应不同的上行发射速率，从而保证 eNodeB 侧所接收到的不同用户的 PSD 值基本接近，以防止对接收机中 A/D 转换器产生过高的要求。

LTE 上行功率控制是开环功控和闭环功率控制共同作用的结果。开环功控用于进行下行通路损耗估算并进行上行补偿；闭环功控用于通过功率控制命令进行精细化功率调整，以控制干扰，提高信道质量。

① PUSCH 上行开环功控

初次 PUSCH 信道发射时，UE 可能还没有发送任何 SRS 信号，因此，eNodeB 无法对探测参考信号的信道质量进行测量。但是，eNodeB 可以获取 PRACH 信道的信噪比，从而可以使用 PRACH 信道的信噪比与 PRACH 目标信噪比门限进行比较，并根据差值来估计 PUSCH 信道发射的功率修正值（TPC 比特），此估计值仅用于 PUSCH 信道的初次发射。基站通过 RAR（随机接入响应）消息将中 TPC 比特（估计值）发送给 UE。

② PUSCH 上行闭环功控

UE 根据基站的广播消息中的功率控制参数，如 P_{O_PUSCH}, α_{UL_PC} 以及 delta_mcs 表等，来进行上行发射功率的计算。上行物理数据信道 PUSCH 在子帧 i 上的发送功率计算公式如下，每个子帧都计算一次。

$$P_{PUSCH}(i) = \min\{P_{CMAX}, 10\log_{10}(M_{PUSCH}(i)) + P_{O\_PUSCH}(j) + \alpha(j) \cdot PL + \Delta_{TF}(i) + f(i)\} \text{ [dBm]}$$

其中，$P_{PUSCH}(i)$ 子帧 i 上 PUSCH 的发射功率的影响因素如下。

- P_{CMAX} 为小区内所允许的 UE 的最大发射功率，该值与 UE 的功率类型有关，最大为+23dBm。

- $10\log_{10}(M_{PUSCH}(i))$ 为带宽相关的系数，$M_{PUSCH}(i)$ 表示所分配的 RB 资源，由于上行功率资源只在 UE 所分配的带宽上进行分配，因此采用此参数表示上行功控需要考虑上行数据传送所使用的资源块。不同带宽配置下，RB 数目为 $1\sim100$，故 $10\log_{10}(M_{PUSCH}(i))$ 最大为 20。

- $\Delta_{TF}(i) + f(i)$ 表示闭环动态偏移量，$\Delta_{TF}(i)$ 为 PUSCH 传输格式，$f(i)$ 为根据所接收到的 TPC 命令所获得的功率控制的调整值。

- $P_{O\_PUSCH}(j) + \alpha(j) \cdot PL$ 表示基本的开环起始点，$P_{O\_PUSCH}(j)$ 是高层所配置的小区专用和 UE 专用参数的组合，相当于用户所需的 SINR。PL（即 PathLoss)为下行链路损耗估算值，$\alpha(j)$ 为链路损耗补偿系数，用以进行上行总容量与小区边缘速率之间的均衡。

$\alpha(j)$=1 时，公式中考虑全部链路损耗值，可以保证小区边缘 UE 速率的最大化；$\alpha(j) < 1$ 时，公式中采用链路损耗的部分值，小区边缘用户的功率相对较低，从而降低邻区所产生的小区间干扰，增加系统总容量。

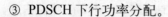

③ PDSCH 下行功率分配。

基站决定每个资源块 RE 的下行发射功率。整个 OFDM 符号都使用相同功率,以防止 UE 接收机功率的波动。在整个系统下行链路带宽上的每个子帧,通常 UE 会假设下行小区特定的参考信号 RS EPRE 值均为常数,除非接收到不同的特定小区的参考信号功率信息。

由于参考信号主要用于信道估计,所以 RS 功率(EPRE,即每个 RE 上的能量)比承载数据业务的 RE 的功率要高一些,这样可以提高 UE 在小区边界的信道估计能力。在整个工作带宽内,所有天线都采用恒定 RS 功率进行发射,RS 功率由 SIB2 消息中的参数 Reference-signal-power 决定进行发送,取值范围为-60~+50dBm。其他信号,如 SCH、PBCH、PCFICH、PDCCH、PDSCH 和 PHICH,都以 RS 功率为参考进行功率设定。

2. 切换控制

(1)基本原理

LTE 系统中,移动性管理包括空闲模式下的小区选择和重选过程,以及连接模式下的系统内和系统间切换过程。具体包括以下几个内容。

① 小区选择和重选

空闲状态下,UE 选择适当的小区接入网络的过程,称为小区的初始选择。接入网络中的 UE 在移动过程中进行的小区变更过程,称为小区重选。小区选择和重选过程中,UE 都需要进行小区信号测量,并采用规定的算法选择合适的小区。为了更便于进行 2G、3G 和 4G 系统间的互操作性,LTE 的小区重选算法引入了优先级的概念,共分为 8 个级别,7 代表最高,0 代表最低。在考虑优先权的基础上采用 R/S 算法进行小区选择和重选工作。

LTE 支持多模终端在 LTE 与 2G/3G 网络间的小区重选,具体包括:

• 空闲状态的终端在 LTE 和 TD-SCDMA/GSM 间的小区重选。

• CELL-PCH 和 CELL-FACH 状态的终端从 TD-SCDMA 到 LTE 的小区重选。

• GPRS-Packet-IDLE 和 Transfer 模式的终端从 GPRS 到 E-UTRAN 的小区重选。

• RRC 连接状态的终端从 LTE 到 GSM 的小区重选或网络辅助(NACC)小区重选。

② 系统内切换

LTE 系统中,包含以下类型的切换。

• eNodeB 内部或者 eNodeB 之间通过 X2 的切换

eNodeB 之间的切换是 LTE 系统中最基本的切换方式,而 eNodeB 内部的切换则是 eNodeB 之间切换的一个特例。LTE 中,UE 发送测量,网络控制切换的进行。在网络命令 UE 转到新的目标小区之前,会在目标小区中准备好所需资源,并尽量实现数据包的转发工作。

• 通过 S1 进行切换

基于 S1 的切换中,UE 在从一个 LTE 小区切换到另一个 eNodeB 下的小区中的过程中,不使用 X2 接口。这两个 eNodeB 之间可能不存在 X2 接口,也可能存在 X2 接口但是无法工作或者被操作员禁止工作。采用 S1 接口进行切换时,需要通过核心网,因此,服务 MME 或者 SGW 可能会发生变更。

• 异频切换

异频切换基于 RSRP 或者 RSRQ 进行。这个过程中,UE 可能需要通过测量间隔来进行异频测量工作。

③ 系统间无线连接重定向

重定向是终端从业务态转换到空闲态后，通过小区重选过程来完成的，也就是先释放后定向。重定向时，终端虽然已经获得目标制式小区的频点信息，但还需要接收广播信息以及进行小区搜索，因此重定向的时间比较慢，接近 10s。3G/4G 系统中，采用 RRC Connection Released 消息启动重定向，而 GERAN 系统中则通过 ChannelRelease 消息来启动。

LTE 与 GSM/TD-SCDMA 间可以进行无线连接重定向，具体包括：

• RNC 在 RRC reject 和 RRC release 消息中指示 E-UTRAN 的频点，终端对该频点小区开始重选过程；

• E-UTRAN 在 RRC release 消息中指示 UTRAN 的频点，终端对该频点小区开始重选过程；

• BSC 在 RR release 消息中指示 E-UTRAN 的频点，终端对该频点小区开始重选过程；

• E-UTRAN 在 RRC release 消息中指示 GSM 的频点，终端对该频点小区开始重选过程。

④ 数据业务切换

PS 切换就是从 LTE 的业务态直接到其他制式的业务态，它采用 Mobility From E-UTRA Command 消息来启动，速度很快，切换时延为百毫秒级。

在建立数据业务连接时，LTE 支持与 TD-SCDMA/GSM 系统间的双向切换，具体包括：

• 在 LTE 仅建立数据业务连接，处于 Active 状态的终端从 E-UTRAN 切换到 UTRAN/GPRS；

• 在 TD-SCDMA 仅建立数据业务连接，处于 Cell-DCH 状态的终端从 UTRAN 切换到 E-UTRAN；

• 在 GRPS 建立数据业务连接，处于 GPRS-Packet-Transfer 状态的终端从 GPRS 切换到 E-UTRAN。

⑤ 语音业务切换

对于语音业务的切换，LTE 分成两个阶段来实现，当 LTE 网络不能提供语音业务时，通过电路域语音回退（CSFB）功能来实现；当 LTE 网络能够提供分组域语音业务时，通过单射频语音连续控制（SR-VCC）功能来实现，具体包括：

• 当 LTE 网络不能提供语音业务时，具有 CSFB 能力的终端，可以实现：从 LTE-IDLE 状态，重定向到 UTRAN/GSM 建立语音业务；从 LTE-Active 状态（即建立有数据业务连接），发起 PS Handover 流程使得终端在 UTRAN/GSM 接入，发起语音业务建立流程；

• 当 LTE 网络能够提供 IMS 语音业务时，LTE 侧的语音业务可以通过 SR-VCC 功能切换到 TD-SCDMA/GSM 网络。

（2）实现机制

UE 的移动性测量可由 E-UTRAN 通过广播消息或专用控制消息来控制。在 RRC_IDLE 状态，UE 通过 E-UTRAN 广播消息进行测量参数的配置。在 RRC_CONNECTED 状态，UE 可通过 E-UTRAN 专用的 RRC 控制消息 RRC Connection Reconfiguration 进行测量配置。RRC_IDLE 状态下，UE 的移动性通过小区重选完成；RRC_CONNECTED 状态下，UE 的移动性通过切换完成。测量报告可以只采用 A3 事件，事件触发测量采用 RSRP。

A3：邻小区优于服务小区的偏移量（RSRP）

$$10\log Mn - Hys > 10\log Ms + Off$$

参数说明：

Mn：邻小区测量结果；

Ms：服务小区测量结果；

Hys：事件滞后参数；

Off：事件偏移值。

- 切换测量（如图 7-1 所示）。

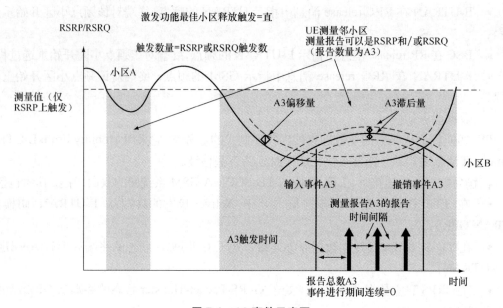

图 7-1　A3 事件示意图

a．当主服务小区的 RSRP 值降低到设定的参数值以下时，开始在当前服务小区和邻小区启动测量。

b．UE 通过判定 RSRP 和 RSRQ 测量结果来决定是够满足 A3 事件的条件，使用 triggerQuantityA3 参数来进行触发判定。

c．对主服务小区和已检测到的邻小区上进行 RSRP 或 RSRQ 测量。UE 通过平均大量的测量数据来过滤掉较大的快衰落的影响，可以对 RSRP 和 RSRQ 设定不同的窗口过滤值，即 filterCoefficientEUtraRsrp 和 filterCoefficientEUtraRsrq。

d．终端也可以使用偏置参数 a3offset，迟滞参数 hysteresisA3。以及一个时间触发参数 timeToTriggerA3，来确定是否触发 A3 事件。cellIndividualOffsetEUtran 可以按照小区设定，在 UE 执行 A3 事件评估之前、该值由 UE 添加到邻小区测量值。

e．一旦启动 A3 事件到事件完成之前，终端在一段预定事件内继续评估 A3 事件 (timeToTriggerA3)，并且上报测量报告到当前的服务 RBS。

f．测量报告包含了服务小区和检测到同频相邻小区的结果，reportQuantityA3 参数表示在测量报告里是否包含邻小区的 RSRP 或 RSRQ 测量。

g．当 A3 事件条件满足时将周期性地发送测量报告结果，reportIntervalA3 参数定义了测量报告发送周期，reportAmountA3 显示发送数量、0 表示在 A3 事件满足情况下将无限期地发送。

h．通过相同的偏置和迟滞值设置，终端可以确定结束 A3 事件、以及相对于邻小区而言、主服务小区能够提供更佳 RSRP 和 RSRQ 的时间。

- 切换判决

源 eNodeB 依据测量报告中的测量结果，根据切换判决准则进行 UE 的切换判决，找到最佳的目标小区。实际上在进行切换小区选择时，不仅要依据测量结果和切换判决准则，同时还要考虑系统干扰及负载状况。初期阶段实现中，可以根据测量结果和切换判决准则进行目标小区的选择，后期再考虑系统干扰及负载状况，同时也考虑对切换判决准则进行优化。

- 切换准备过程

主要是在 eNodeB 中为即将进行的切换建立必要的资源。

3．调度

LTE 无线接入的基本原则之一就是采用共享信道传输方式，即上行链路和下行链路上的时间和频率资源被多个用户动态共享。上下行链路和下行链路的资源受到严格的调度，因此对于高负载网络，调度算法非常关键，它决定着整个网络的性能。

调度是 LTE 系统无线资源管理（RRM）算法的关键内容之一，它是指在满足不同应用程序和用户需求的 QoS（服务质量）的基础上，使无线资源的利用率最大化。调度程序的设计目标是确保以下各项指标的最优化：

- 小区吞吐量；
- 小区边缘用户吞吐量；
- VoIP 容量；
- 不同业务的 QoS 满意度；
- 不同用户级别的差异化以及同一级别用户之间的公平性。

调度程序可以灵活配置，因此运营商可以对不同性能目标进行均衡，以满足最终需求。

调度程序位于 LTE 系统的媒介访问控制（MAC）层，为所有信令和用户数据的传送分配时间和频率资源，即资源块（RB），以满足业务传送的质量要求。基站调度器动态控制用户的时间和频率资源的分配，实时选择最好的多路复用策略，并使用下行链路控制信令来通知用户资源分配情况及其相关的传输格式。

LTE 调度主要采用与 HSPA 调度相类似的 CQI（信道质量指示）信息来进行。用户（UE）测量一个或一组资源块的信道质量并以信道质量指标(CQI)的形式报告给基站。为了便于根据信道状况和调度类型来进行上行信令开销和链路适配/调度性能之间的有效权衡，CQI 报告的时间粒度可以调节，并以一个 UE 或者一组 UE 为单位进行设定。eNodeB 根据用户所反馈的 CQI 信息实现各种控制功能，举例如下：

- 时间/频率选择性调度；
- 调制和编码方案选择；

- 干扰管理；
- 物理层或者层 2 控制信令信道的的发射功率控制。

调度与链路适配算法和 HARQ 机制密切相关，二者协同作用，用于根据无线信道状况高效实现数据的高效传送。对于由于无线链路质量不稳定性而造成的丢包、乱序等问题，HARQ 机制可以实现错误数据的重传，因而是对调度和链路适配算法的有益补充。

影响调度算法的因素如下。

① 业务请求速率：决定了本次调度最大传输的比特数，对于下行来说，由高层通知调度器，对于上行来说，由 UE 上报。

② 信道质量：决定了本次传输的 MCS 和传输速率，对于下行传输，由 UE 反馈的下行 CQI 得到，对于上行来说，通过测量 UE 的 SRS 信号得到。

③ UE 的剩余功率：只用在上行调度中，由于 UE 的发射功率有限，因此需要保证分配的 RB 数有足够功率发送。UE 的剩余功率由 UE 上报得到。

④ 剩余资源情况：包括数据传输资源和控制传输资源。

理想情况下，每个调度周期内，调度器都应当了解每个子载波和每个用户的信道增益。考虑到信令信道资源的有限性，LTE 系统中，调度器可以利用的最小资源单元为 2 个连续的 RB，即每 TTI（时长为 1ms）调用一次，其子帧时长(即 TTI)为 1s，频带宽度为 180 kHz。上/下行链路调度过程中，每个 TTI 周期内都执行以下几个步骤：

① 从 RACH/TA、SIB 及下行 HARQ 中获取 UE 流信息；

② 从上行 PUSCH 中获取调度请求（SR）和缓冲区状态报告（BSR）；

③ 基于组算法对下行 UE 流和上行 UE 进行优先级处理；

④ 为预定的用户分配物理资源；

⑤ 发送上下行许可(Grant)。

LTE 上行调度和下行调度分别进行。按照分配方式，可以分为静态、动态调度和半持续调度方式。

① 动态调度

每次都需要通过 PDCCH 对资源位置进行调度和指示。动态资源分配和包调度的一个主要任务就是为用户和控制面数据包分配无线资源，即为所要调度的数据包选择无线承载并管理必需的资源（如功率电平或所使用的特定资源块）。包调度通常考虑到与无线承载相关的 QoS 质量要求、用户的信道质量信息以及缓冲区状态等。动态资源分配和包调度的其他任务是定义算法的放置位置，以便更有效地管理 LTE 系统无线资源和MAC 协议。

② 半持续调度

对于数据包较小且定期到达的业务，使用动态调度时，控制信令的需求会很大。半持续调度意味着将特定的子帧分配给某个用户。因此，只需要发送一次调度命令指示资源位置和重复周期，其目的在于节省信令。

由于不同的运营商具有不同的话务模型以及资源使用战略，因此，调度算法必须具有一定的灵活性，以满足各种性能目标的需求。

4. MIMO 技术

(1) 基本原理

移动通信系统中，可以利用多天线来抑制信道衰落，以提高系统容量、覆盖和数据传输速率等性能，MIMO（Multiple Input Multiple Output，多入多出）就是典型的多天线技术，它是指在发送端或接收端采用多根天线，使信号在空间获得阵列增益、分集增益、复用增益和干扰抵消等，从而得到更大的系统容量、更广的覆盖和更高的用户速率。

MIMO 方式下，发送方和接收方都使用多幅天线，发射机和接收机之间采用不同天线配置的组合，可以大大提高数据传输速率，同时也能提高系统容量。

根据接收端是否反馈信道状态信息端，MIMO 可以分为闭环和开环两种类型。根据实现方式的不同，MIMO 可以分为空间复用、发射分集、波束赋形等类型。

① 空间复用（Spatial Multiplexing）

系统将高速数据流分成多路低速数据流，经过编码后调制到多个发射天线上进行发送。由于不同空间信道间具有独立的衰落特性，因此接收端利用最小均方误差或者串行干扰删除技术，就能够区分出这些并行的数据流。这种方式下，使用相同的频率资源可以获取更高的数据速率，这意味着频谱效率和峰值速率得到改善和提高。

② 发射分集

将同一信息进行正交编码后从多根天线上发射出去。接收端将信号区分出来并进行合并，从而获得分集增益。编码相当于在发射端增加了信号的冗余度，因此可以减小由于信道衰落和噪声所导致的符号错误率，使传输可靠性和覆盖率增加。

③ 波束赋形（Beam Forming）

通过对信道的准确估计，采用多根天线产生一个具有指向性的波束，将信号能量集中在欲传输的方向，从而提升信号质量，降低用户间干扰。

智能天线是由多根天线阵元组成的天线阵列。通过调整各阵元信号的加权幅度和相位来改变阵列方向的方向图，从而抑止干扰，提高信干比，实现天线和传播环境与用户和基站之间的最佳匹配。智能天线最普遍的用途为波束赋形。波束赋形充分利用了阵列增益、分集增益以及干扰抑制增益，来改善系统覆盖性能，提高网络容量及频谱效率。

接收端不反馈任何信息给发射端，因而发射端无法了解信道状态信息(CSI)时，信息的传输方式称为开环（Open-Loop）传输模式。

LTE 系统可以支持多种下行 MIMO 模式，LTE R8 版本中定义了 7 种 MIMO 模式，包含发送分集、开环和闭环空间复用、多用户 MIMO（MU-MIMO）、波束赋形等，R9 版本中增加了双流波束赋形模式，并且增加了导频设计支持多用户波束赋形。不同模式应用场景不同，对容量和覆盖的改善作用也不同，系统可根据无线信道和业务状况在各种模式间自适应切换。LTE 系统中下行链路可用的 MIMO 方式如表 7-1 所示。

根据 MIMO 实现方式，可以将上述 8 种 MIMO 模式分为 3 大类，对应如下。

① 发送分集：包括 LTE MIMO 模式 1 和模式 2，即单天线发射和开环发送分集。

② 空间复用：包括 LTE MIMO 模式 3、模式 4 和模式 5，分别为开环空间复用、闭环空间复用以及多用户空间复用。

表 7-1　　　　　　　　　　　　　LTE 下行 MIMO 模式

发送模式	PDSCH 发送机制	多天线增益	给系统带来的好处
模式 1	单天线发射，端口 0	-	-
模式 2	开环发送分集	分集增益	提高系统覆盖
模式 3	开环空间复用	复用增益	提高系统容量
模式 4	闭环空间复用	阵列增益 复用增益	提高系统容量
模式 5	多用户空间复用	复用增益	提高系统容量
模式 6	闭环发送分集	阵列增益	提高系统覆盖
模式 7	单流波束赋形	阵列增益	提高覆盖
模式 8	双流波束赋形	阵列增益 复用增益	提高系统容量

③ 波束赋形：包括 LTE MIMO 模式 6、模式 7 和模式 8，分别为闭环发送分集、单流波束赋形和双流波束赋形。

LTE 系统中，MIMO 关键过程与技术包括空间复用（SM）、空分多址（SDMA）、预编码（Pre-coding）、秩自适应（Rank adaptation）、以及开环发送分集（STTD，主要用于控制信令的传输）等。如果所有空分复用（SDM）数据流都用于一个 UE，则称为单用户（SU）MIMO，如果将多个 SDM 数据流用于多个 UE，则称为多用户（MU）MIMO。

（2）实现机制

MIMO 系统下信号发送过程如图 7-2 所示。码字与 MAC 层的传输块相对应，每个码字表示一个 MAC 传输块。码字进行扰码和调制所形成的调制符号传送到层映射模块，分配到 1、2、3 或者 4 个层上。不同层的数据经过预编码后，经由 1 个或者多个天线发射出去。

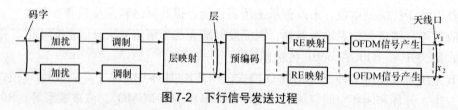

图 7-2　下行信号发送过程

码字的数量由信道编码器的数量来决定。LTE 系统可支持多码字（MCW）与单码字（SCW），多码字比单码字的性能高，但是因为 HARQ 进程和上行 CQI 的上报过程都是针对每个码子来进行的，所以多码字信令开销大，系统实现复杂（如 HARQ 处理和重传等）。因此，对于 2 或 4 天线结构来说，LTE 规定最大码字的数量都是 2 个，也就是说，在一个 TTI 内，相同的时空资源上最多只能同时对 2 个传输块进行发送与接收。

LTE 中，可以采用多个天线发送 1 个或者 2 个码字，因此需要进行码字与实际发射天线之间的映射。为此，需要采用层映射功能将调制后的码字转换成多个数据流，每个数据流就称作一个层。每个数据流再独立进行预编码后通过 1 个或者多个天线发送出去。

采用 N_t 个发送天线和 N_r 个接收天线的 MIMO 系统中，传输信道可以表示为 $N_t \times N_r$ 的矩阵 $H_{N_t \times N_r}$，如图 7-3 所示。其中，h_{ij} 表示发送天线 j 到接收天线 i 的信道增益，矩阵的秩可以看作收发设备间传输通路上独立的并行信道的数目，它与层映射后所形成的数据流数相等，也就是说层与秩的值相同。

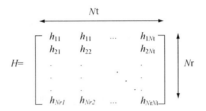

图 7-3　MIMO 作用原理

因此，码字数、层数及与发射天线数的关系如下：

$$码字数 \leq 层数 \leq 发射天线数$$

发送分集是多个天线发送相同的数据流，所有层的数据都来自于同一个码字，码字经过 SFBC 编码后映射到各个天线端口。这种模式下，层数 v 等于天线端口数 P。

空间复用是多个天线传送不同的数据信息，因此可以同时发送多达 2 个码字。码字可以映射到 1、2、3 或 4 个层上，每个下行发射时刻每层所发送的数据不同。系统根据下行信道的秩指示（RI）确定层的具体数目，之后利用预编码权值矩阵 W（大小为 $P \times v$）将层中的数据映射到每个端口上。这种模式下，层数 v 小于或等于天线端口数 P。

层与天线端口之间的映射关系如下。

① 发送分集：层的数量等于发射天线的天线端口数量，表示如下。

层　数	2	4
天线口数量	2	4

② 空间复用：层的数量少于或等于发射天线的天线端口数量，表示如下。

层　数	1	2	3, 4
天线口数量	1, 2, 4	2, 4	4

天线端以参考信号（RS）进行区分，UE 可以根据 RS 区分不同的"天线"。R8 中，下行发射时，天线端口 0～3 用于 4 天线端口的空间复用，分别对应 1、2 或者 4 个参考信号模式。天线端口 4 应用于 MBSFN，可以采用 1 根天线或者多根天线进行发射，且各个天线的参考信号模式相同。天线端口 5 用于常规的波束赋形，与 UE 相关的参考信号相对应，多根天线都使用相同的参考信号模式。

码字到层之间的映射关系如图 7-4 所示。

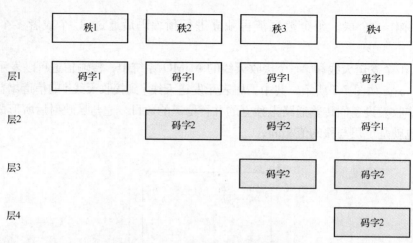

图7-4 码字到层之间的映射关系

- 秩1：码字1映射到第1层。
- 秩2：码字1映射到第1层，码字2映射到第2层。
- 秩3：码字1映射到第1层，码字2映射到第2层和第3层。
- 秩4：码字1映射到第1层与第2层，码字2映射到第3层与第4层。

实际应用中，必须考虑数据流之间所产生的干扰，不同MIMO信道下，数据流之间的正交性不同。MIMO信道的秩为可以同时支持的数据流，而实际传送所使用的数据流数则称为传送秩（Transmission Rank），传送秩通常需要根据信道特性进行适配，以避免数据流之间的干扰。

从系统性能的角度看，需要根据UE的信道状况进行传送秩（即MIMO层数）之间的适配和调整。eNodeB根据UE所发送的CQI和RI测量信息调整MIMO的传送秩，以使MIMO传送所使用的层数与UE的有效信道矩阵的秩相适应。一般来讲，信道状况较差时，用户应该使用较低的秩数，而信道状况较好时，则应该使用相对较高的秩数。UE在整个带宽范围内对秩进行评估，并将所选择的秩（RI信息）和相应的CQI信息反馈给eNodeB。使用预编码时，UE还发送预编码矩阵索引（PMI）信息。秩适配算法多种多样，其计算复杂性和性能差异也很大。

第 8 章　TD-LTE 信令流程

8.1　TD-LTE 业务建立过程概述

UE 刚开机时，需要先进行物理下行同步，在听取系统广播消息后，进行小区选择，选择到一个合适的小区后，UE 进行驻留并发起附着过程。附着就是 UE 将 NAS 层的无线资源请求消息经 eNodeB 转发到核心网，核心网触发对 UE 的认证和鉴权，并向 UE 分配默认的 IP 连接。附着完成后，默认承载建立成功，UE 可获得 PDN 地址等信息。然后，UE 可以发起服务请求，建立起专用承载，实现数据业务的连接。如果通信过程中 UE 处于移动状态，则 UE 还需要及时发起切换或者 TAU 更新过程。

用户业务建立过程大致可以分为网络接入过程、注册过程和业务建立过程 3 大步。具体描述如下。

1. 网络接入过程

当用户开机之后，要向网络发起注册过程，用户端在向网络注册之前需要进行网络接入过程，包含以下 4 个步骤。

(1) 检测系统广播信息

系统广播信息由网络周期性地发送，UE 开机后，会接收到由 eNode B 通过物理广播信道（PBCH）和物理下行控制信道（PDCCH）发送的基站指示信息，包括本小区的物理随机接入信道（PRACH）配置索引、逻辑根序列初始值、循环移位配置索引、上下行配置索引等与发起随机接入有关的参数。UE 通过这些指示信息生成要发送给 eNode B 的随机接入前导序列。

(2) 小区选择

用户端根据系统信息广播进行小区选择，选择信号质量最好的小区，并进行小区同步。同步完成后，得到小区物理层小区号（PCI），然后开始读取管理信息库（MIB），根据 MIB 再读取 SIB1，了解 NAS 信息和 UE 的定时器和计数器，并根据 SIB1 读取其他的系统消息块，根据所获取的信息判断小区驻留条件，如果满足就驻留小区，就会通知用户端配置服务小区的测量，进入空闲（IDLE）状态。

(3) 初始接入

终端需要经过初始接入过程注册到网络中。当用户端符合接入等级时，通过随机接入过程，终端与网络之间建立 RRC 连接，之后可以在上行共享控制信道上发消息。

(4) RRC 连接

RRC 过程是 UE 与 eNode B 的 RRC 层通过一组消息进行交互的过程，通过此类过程实

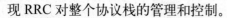
现 RRC 对整个协议栈的管理和控制。

2. 注册过程

UE 要想通过核心网络获取服务，就需要向网络发起附着(Attach)过程。附着过程中，建立默认的 EPS 承载，从而使 UE 保持"一直在线"的连接状态。当用户完成网络附着过程后，可以发起会话建立过程。

3. 业务建立过程

由于 EPS 的"一直在线"，当终端的状态改变为空闲（Idle）模式时，核心网络保留所有的 EPS 承载，并保留服务质量信息，意味着当终端重新被激活时，不需要与服务网关或 PDN 网关重新建立承载。只有 E-UTRAN 部分承载需要重新建立。为了发起业务，终端需要向 MME 使用上面描述的随机接入过程发送一个"服务请求"消息。

8.2 TD-LTE 信令详细过程

8.2.1 小区搜索

小区搜索过程是 UE 和小区取得时间和频率同步，并检测小区号的过程。E-UTRA 系统的小区搜索过程与 UTRA 系统的主要区别是 LTE 能够支持不同的系统带宽（1.4～20MHz）。小区搜索通过同步信号、广播信道（BCH）和下行参考信号（RS）等信号和信道来实现。同步信号又分成主同步信号（PSS）和辅同步信号（SSS），BCH 又分成主广播信道（PBCH）和动态广播信道（DBCH）。PSS 和 SSS 不用来传送 L2/L3 控制信令，而只用于同步和小区搜索过程；DBCH 最终承载在下行共享传输信道（DL-SCH），没有独立的信道。图 8-1 所示为小区搜索流程。

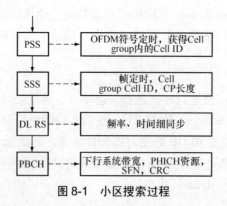

图 8-1　小区搜索过程

对于 TD-LTE，PSS 在时隙 2 和时隙 12 的第 3 个 OFDM 符号上；SSS 在时隙 1 和时隙 11 的倒数第一个 OFDM 符号上。PSS 在每个无线帧的 2 次发送内容一样，SSS 每个无线帧 2 次发送内容不一样，通过解 PSS 先获得 5ms 定时，通过解 SSS 可以获得无线帧的 10ms 定时；由于 FDD 和 TDD 时 SSS 的时域位置不同，通过解 SSS 又可以获得系统的制式。通过解 PSS 可以获得小区号（每个组内包含 3 个小区号），再通过解 SSS 可以获得小区的组号（504 个小区分成 168 个组），二者组合就可以获得当前小区的物理层小区号 PCI，PCI = 组号* 3 +小区号。

8.2.2 PLMN 和小区选择

小区搜索完成后，UE 会获得当前小区的 PCI，UE 使用获得的 PCI 去解当前小区的 MIB 和 SIB 消息，通过解 MIB 消息获得小区的下行同步以及系统带宽等关键信息，接着在 SIB 信息的时域位置上检测 PDCCH，根据 PDCCH 指示获取小区的 SIB1 信息，之后再解析其他 SIB 信息。

在 SIB1 信息中会携带网络侧的 PLMN 列表，UE 选择合适的 PLMN，随后在该 PLMN 下按照 S 准则选择合适的小区进行驻留。

8.2.3 随机接入过程

随机接入是 UE 与网络之间建立无线链路的必经过程。只有在随机接入过程完成后，eNodeB 和 UE 才可能进行常规的数据传输和接收。UE 可以通过随机接入过程实现两个基本功能：

① 取得与 eNodeB 之间的上行同步；

② 申请上行资源。

随机接入过程涉及物理层、MAC 层、RRC 层等多个协议层。物理层定义随机接入过程所需的前导码（Preamble）、PRACH 信道资源、随机接入过程各消息之间的时序关系等；MAC 层负责控制随机接入过程的触发与实施；对于一些特定的随机接入场景，如切换过程中的随机接入，则需要 RRC 层的参与。

随机接入过程应用于以下 6 种场景：

① 从 RRC_IDLE 状态初始接入，即 RRC 连接建立；

② 无线链路失败后初始接入，即 RRC 连接重建；

③ 切换；

④ 下行数据到达且 UE 空口处于上行失步状态；

⑤ 上行数据到达且 UE 空口处于上行失步状态，或者虽未失步但需要通过随机接入申请上行资源；

⑥ 辅助定位，网络利用随机接入获取时间提前量(TA，TimingAdvance)。

根据 UE 发送 Preamble 码时是否存在碰撞的风险，随机接入过程可分为竞争随机接入和非竞争随机接入两种方式，其区别为针对两种流程其选择随机接入前缀的方式。前者为 UE 从基于冲突的随机接入前缀中依照一定算法随机选择一个随机前缀；后者是基站侧通过下行专用信令给 UE 指派非冲突的随机接入前缀。具体流程如下。

1. 竞争随机接入过程

竞争随机接入是指 eNodeB 没有为 UE 分配专用 Preamble 码，而是由 UE 随机翻 Preamble 码并发起的随机接入。竞争随机接入适用于除辅助定位之外的其他 5 种场景，对于 RRC 连接建立、RRC 连接重建和上行数据到达的场景，随机接入由 UE 自主触发，eNodeB 没有任何先验信息；对于切换和下行数据到达场景，UE 根据 eNodeB 指示发起随机接入，正常情况下，eNodeB 会优先选择非竞争随机接入，只有在非竞争随机接入资源不够分配时，才指示 UE 发起竞争随机接入。

竞争随机结论过程主要分为 4 个步骤，如图 8-2 所示。

图 8-2　物理层竞争随机接入过程

（1）步骤 1：UE 在随机接入信道（PRACH）上发送随机接入序列 Preamble。

（2）步骤 2：Node B 在检测到随机接入序列后，通过下行共享信道（PDSCH）发送随机接入响应。该消息至少包含所收到的 Preamble 码的编号、上行发送的时间调整量（TA）、上行 PUSCH 调度信息和分配的临时 C-RNTI。

（3）步骤 3：UE 根据随机接入响应中承载的调度信息和 TA 信息，在 PUSCH 上发送上行消息，如 RRC Connection Request。该消息中包含了终端的唯一 ID，如 TMSI。

（4）步骤 4：eNodeB 接收 UE 的上行 RRC Connection Request 消息，向接入成功的 UE 返回竞争解决消息。该消息中包含了接入成功的终端的唯一 ID。

其中，步骤 1 和步骤 2 是异步随机接入在物理层的主要内容。在步骤 1 中，终端的物理层根据高层所指示的 PRACH 信道资源、序列 Preamble 索引号和功率值，进行相应的随机接入序列的发送，然后进入步骤 2，即随机接入响应的接收。在步骤 2 中，终端的物理层根据高层所指示的 RA-RNTI 检测对应的随机接入响应消息。

如果成功检测到与所发送的随机接入序列相对应的响应消息，那么终端将根据消息的指示进行上行传输时间的调制，并进行上行数据的发送，进入随机接入上层控制信令交互的过程；如果没有成功检测到对应的响应消息，那么终端将在等待一段时间后，重新发起步骤 1 中随机接入序列的发送过程。

2. 非竞争随机接入过程

非竞争随机接入是 UE 根据 eNodeB 指示，在指定的 PRACH 信道资源上使用指定的非竞争随机接入过程码发起的随机接入，适用于切换、下行数据到达和辅助定位 3 种场景。非竞争随机接入分为 3 步，如图 8-3 所示。

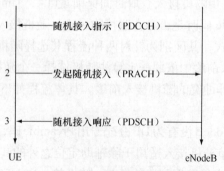

图 8-3　物理层非竞争随机接入过程

（1）步骤 1：随机接入指示，该消息为下行消息，由 eNodeB 发送，UE 接收。eNodeB

在切换和下行数据到达时会主动要求指定 UE 发起随机接入过程，在这两种场景下接入过程的主要原因是 eNodeB 判断 UE 处于上行失步状态。辅助定位的场景则是因为 eNodeB 根据高层的定位请求信息判断需要获取被定位的 UE 的 TA，从而指示被定位的 UE 发起非竞争随机接入过程。对于切换场景，eNodeB 通过 RRC 信令通知 UE 发起非竞争随机接入；对于下行数据到达和调度定位场景，eNodeB 通过 PDCCH 命令通知 UE 发起非竞争随机接入。

（2）步骤 2：发送随机接入。UE 在 eNodeB 指定的 PRACH 信道源上用指定的 Preamble 码发起随机接入。如果指定了多个 PRACH 信道资源，UE 在第一个可用的有 PRACH 信道资源的子帧中随机选择一个指定的 PRACH 信道资源发送。这是与竞争随机接入不同的地方。

（3）步骤 3：随机接入响应，该消息为下行消息，由 eNodeB 发送，UE 接收。eNodeB 接收到步骤 2 的随机接入请求后，通过步骤 3 进行响应。步骤 3 的格式和内容与竞争随机接入相同，一条随机接入响应消息可以响应多个 UE 发送的随机接入请求。

如果 UE 在随机接入响应窗内没有正确接收到针对自己的随机接入响应，则判断本次非竞争随机接入失败，然后在下一个指定的 PRACH 信道资源上用指定的 Preamble 码发起非竞争随机接入。与竞争随机接入不同的是，下一次非竞争随机接入的发起时刻不受 backoff 参数的限制。达到最大随机接入次数后，UE MAC 层向 RRC 层上报随机接入问题，指示随机接入失败。

8.2.4　开机附着流程

UE 通过附着过程注册到网络中，完成核心网（EPC）对该 UE 默认承载的建立。去附着过程完成 UE 在网络侧的注销和所有 EPS 承载的删除。UE/MME/SGW/HSS 均可发起 detach 过程，若网络侧长时间没有获得 UE 的信息，则会发起隐式的 Detach 过程，即核心网将该 UE 的所有承载释放而不通知 UE。LTE 附着流程如图 8-4 所示。

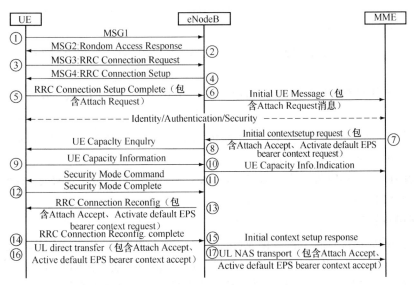

图 8-4　LTE 附着流程

Attach 信令流程如下所示。

（1）处在 RRC_IDLE 态的 UE 进行 Attach 过程，首先发起随机接入请求，即第一条有用信息，也称为 MSG1 消息。

（2）eNodeB 检测到 MSG1 消息后，向 UE 发送随机接入响应消息，即 MSG2 消息。

（3）UE 收到随机接入响应后，根据 MSG2 的 TA（定时提前量）信息调整上行发送时机，向 eNodeB 发送 RRC Connection Request 消息，即 MSG3 消息。

（4）eNodeB 向 UE 发送 MSG4，即 RRC Connection Setup 消息，包含建立 SRB1 承载信息和无线资源配置信息。

（5）UE 完成 SRB1 承载和无线资源配置，向 eNodeB 发送 RRC Connection Setup Complete 消息，包含 NAS 层 Attach Request 信息。

（6）eNodeB 选择 MME，向 MME 发送 Initial UE Message 消息，包含 NAS 层 Attach Request 消息。

（7）MME 向 eNodeB 发送 Initial Context Setup Request 消息，请求建立默认承载，包含 NAS 层 Attach Accept、Activate default EPS bearer context request 消息。

（8）eNodeB 接收到 Initial context setup request 消息，如果不包含 UE 能力信息，则 eNodeB 向 UE 发送 UE CapacityEnquiry 消息，查询 UE 能力。

（9）UE 向 eNodeB 发送 UE CapacityInformation 消息，报告 UE 能力信息。

（10）eNodeB 向 MME 发送 UE Capacity Info Indication 消息，更新 MME 的 UE 能力信息。

（11）eNodeB 根据 Initial context setup request 消息中 UE 支持的安全信息，向 UE 发送 Security Mode Command 消息，进行安全激活。

（12）UE 向 eNodeB 发送 Security Mode Complete 消息，表示安全激活完成。

（13）eNodeB 根据 Initial context setup request 消息中的 ERAB 建立信息，向 UE 发送 RRC Connection Reconfiguration 消息进行 UE 资源重配，包括重配 SRB1 和无线资源配置，建立 SRB2、DRB（包括默认承载）等。

（14）UE 向 eNodeB 发送 RRC Connection Reconfiguration Complete 消息，表示资源配置完成。

（15）eNodeB 向 MME 发送 Initial context setup response 响应消息，表明 UE 上下文建立完成。

（16）UE 向 eNodeB 发送 UL direct transfer 消息，包含 NAS 层 Attach Accept、Activate default EPS bearer context accept 消息。

（17）eNodeB 向 MME 发送上行直传 UL NAS transport 消息，包含 NAS 层 Attach Accept、Activate default EPS bearer context accept 消息。

8.2.5　业务请求过程

当 UE 无 RRC 连接且有上行数据发起需求时，或者当 UE 处于 ECM IDLE 态且有下行数据达到时，以及在 S1 接口上建立 S1 承载、在 Uu 接口上建立数据无线承载等各种情况下，都需要发起业务请求过程，用于为 UE 建立专用承载，如图 8-5 所示。

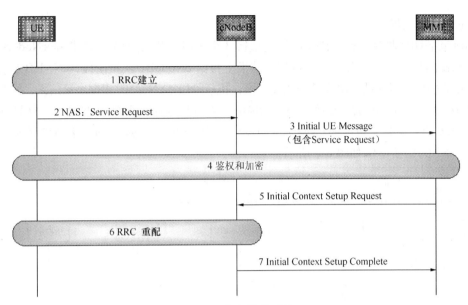

图 8-5 业务请求过程

当 UE 发起 Service Request 时，如果 UE 处于空闲状态，则需要先发起随机接入过程，通过 RRC Connection Setup Comlete 将 Service Request 消息携带上去。当下行数据达到时，网络侧先对 UE 进行寻呼，随后 UE 发起随机接入过程以及 Service Request 过程。由此可见，UE 发起 Service Request 相当于主叫过程，下行数据达到发起的 Service Request 相当于被叫接入。

8.2.6 切换流程

当正在使用网络服务的用户从一个小区移动到另一个小区，或由于无线传输业务负荷量调整、激活操作维护、设备故障等原因，为了保证通信的连续性和服务的质量，系统要将该用户与原小区的通信链路转移到新的小区上，这个过程就是切换。

LTE 中，切换可以分为 3 类，如下所述。

（1）同一个 eNodeB 内的切换

eNodeB 内的小区间切换分同频切换和异频切换两种，切换只是更新 Uu 口资源，源小区和目标小区的资源申请和资源释放都通过 eNodeB 内部消息实现；没有 eNodeB 间的数据转发，同时也没有 UE 的随机接入过程，也不需要与核心网有信令交互。

（2）不同 eNodeB 之间基于 X2 接口的切换

当目标小区和源小区分别属于两个 X2 链路的 eNodeB 时，引发 eNodeB 间的 X2 切换，前提是两个 eNodeB 之间配置了 X2 关系。

当源 eNodeB 收到 UE 的测量上报，并判决 UE 向目标 eNodeB 切换时，会直接通过 X2 接口向目标 eNodeB 申请资源，完成目标小区的资源准备，之后通过空口的重配消息通知 UE 向目标小区切换，在切换成功后，目标 eNodeB 通知源 eNodeB 释放原来小区的无线资源。此外还要将源 eNodeB 未发送的数据转发给目标 eNodeB，并更新用户平面和控制平面的节点关系。

（3）不同 eNodeB 之间基于 S1 接口的切换

S1 切换的流程和 X2 类似，不同点在于有没有 eNodeB 之间的 X2 链路。如果没有配置 X2 链路，eNodeB 间的切换走 S1 口切换；如果同时配置了 X2 和 S1 链路，eNodeB 间的切换优先进行 X2 切换。

切换包括切换测量、切换决策、切换执行 3 个阶段。测量阶段，UE 根据 eNodeB 下发的测量配置消息进行相关测量，并将测量结果上报给 eNodeB；决策阶段，eNodeB 根据 UE 上报的测量结果进行评估，决定是否触发切换；执行阶段，eNodeB 根据决策结果，控制 UE 切换到目标小区，由 UE 完成切换。整个切换流程采用 UE 辅助网络控制的思路，基站下发测量控制，UE 进行测量上报，基站执行切换判决、资源准备、切换执行和原有资源释放。

基于 S1 的切换举例如图 8-6 所示。

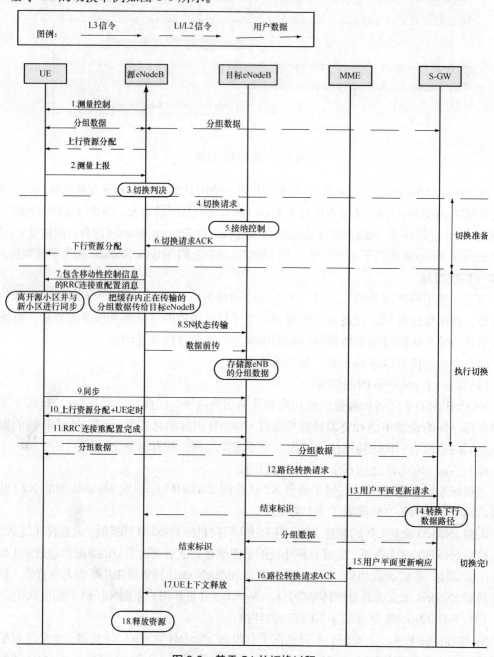

图 8-6　基于 S1 的切换过程

下面对图 8-6 中基于 S1 的切换过程进行具体介绍。

步骤 1：源 eNodeB 对 UE 进行测量配置，UE 的测量结果将用于辅助源 eNode B 进行切换判决。

步骤 2：UE 根据测量配置，进行测量上报。

步骤 3：源 eNodeB 参考 UE 的测量上报结果，根据自身的切换算法，进行切换判决。

步骤 4：源 eNodeB 向目标 eNode B 发送切换请求消息，该消息包含切换准备的相关信息。

步骤 5：目标 eNodeB 根据收到的 E-RAB QoS 信息进行接纳控制，以提高切换的成功率。

步骤 6：目标 eNodeB 进行 L1/L2 的切换准备，同时向源 eNode B 发送切换请求 ACK 消息。该消息中包含一个 RRC container，具体内容是触发 UE 进行切换的切换命令。当源 eNodeB 收到切换请求 ACK 消息或者是向 UE 转发了切换命令之后，就可以开始数据前转了。

步骤 7：切换命令（携带了移动性控制信息的 RRC 连接重配置消息）是由目标 eNodeB 生成的，通过源 eNodeB 将其透传给 UE。源 eNodeB 对这条消息进行必要的加密和完整性保护。当 UE 收到该消息之后，就会利用该消息中的相关参数发起切换过程。

步骤 8：源 eNodeB 发送序列号状态传输消息到目标 eNodeB，对需要保留的 E-RAB，发送上行 PDCP SN 接收状态和下行 PDCP SN 发送状态。

步骤 9：UE 收到切换命令以后，执行与目标小区的同步，如果在切换命令中配置了随机接入专用 Preamble 码，则使用非竞争随机接入流程接入目标小区；如果没有配置专用 Preamble 码，则使用竞争随机接入流程接入目标小区。

步骤 10：网络回复上行资源分配指示和定时提前。

步骤 11：当 UE 成功接入目标小区后，UE 发送 RRC 连接重配置完成消息，向目标 eNodeB 确认切换过程完成。至此，目标 eNodeB 可以开始向 UE 发送数据。

步骤 12：目标 eNodeB 向 MME 发送一个路径转换请求消息来告知 UE 更换了小区。此时空口的切换已经成功完成。

步骤 13：MME 向 S-GW 发送用户平面更新请求消息。

步骤 14：S-GW 将下行数据路径切换到目标 eNodeB 侧。S-GW 释放源 eNodeB 的用户平面资源。

步骤 15：S-GW 向 MME 发送用户平面更新响应消息。

步骤 16：MME 向目标 eNodeB 发送路径转换请求 ACK 消息。步骤 12～16 就完成了路径转换过程，该过程的目的是将用户平面的数据路径从源 eNodeB 转到目标 eNodeB。

步骤 17：目标 eNodeB 向源 eNodeB 发送 UE 上下文释放消息，通知源 eNodeB 切换的成功并触发源 eNodeB 的资源释放。

步骤 18：收到 UE 上下文释放消息之后，源 eNodeB 可以释放无线承载和与 UE 上下文相关的控制平面资源。任何正在进行的数据前转将继续进行。

第 9 章 TD-LTE 无线性能优化

9.1 TD-LTE 性能特性及优化概述

1. 概述

TD-LTE 网络投入商用前需要根据规划要求和设计目标完成初始优化工作，保证网络的基本性能。网络商用后，还需要根据网络话务状况和无线环境进行更为细致的优化工作，以提高系统资源利用率，保证网络的稳定性和服务质量，更好地服务于客户。细致、完善的网络优化工作，可以充分降低全网的干扰水平，改善网络性能，提高呼叫接通率，减少业务中断，提高网络的数据业务吞吐能力，优化全网切换成功率，提高网络容量。由此可见，网络优化在 TD-LTE 网络工作中，是一项持续进行的日常工作。

经过多年的技术研究和经验总结，GSM 和 TD-LTE 网络都已经形成了一套较为完整的无线网络优化流程和标准，并且形成了一套关键指标体系来反映网络的整体情况，如容量指标、覆盖指标、接入指标、成功率指标、质量指标和切换指标。相对于 GSM 和 TD-LTE 系统而言，TD-LTE 无线网络优化工作有着较为明显的差异，主要表现在以下几个方面。

(1) TD-LTE 中，RE（资源粒子）是业务信道和控制信道的最小组成部分，且业务信道以 RB(资源块)为单位进行调度，且 TD-LTE 中还采用了 MIMO 技术，因此需要综合考虑频域、时域及空间域等各种资源特性，优化工作更为复杂。

(2) TD-LTE 仅支持 PS 域业务，语音采用 VoIP 进行承载。不同种类的业务可以通过 QoS 差异来进行区分，因此面向不同业务的优化工作具有挑战性。

(3) GSM 和 TD-LTE 都采用异频组网方式，而 TD-LTE 系统可以采用同频组网，因此必然会存在同频干扰的问题，虽然可以通过频域调度（FDPS）、小区间干扰协调（ICIC）、智能天线赋性（BF）等手段来降低或者消除干扰，但是同频干扰仍将是一个无法避免的问题，必然会影响到网络的整体性能，这对 TD-LTE 的优化提出了重大挑战。

(4) GSM 和 TD-LTE 系统与 TD-LTE 共存时，协同优化工作尤为重要。TD-LTE 初期主要解决覆盖的问题，要避免对现有 GSM 和 TD-LTE 网络的稳定性造成影响，其策略是既要保持 2G、3G 业务的连续性，又要突出 TD-LTE 业务的高质量。在业务发展阶段或者网络成熟阶段，则要考虑 TD-LTE 以及 GSM 和 TD-LTE 之间的负载均衡，提高网络的资源利用率。

由于 GSM 和 TD-LTE 网络在语音覆盖方面已经相当完善，而 TD-LTE 的高速率数据业务、时延等特性又是传统 GSM 和 TD-LTE 网络所不具备的，因此，如果能将 GSM 和 TD-LTE 和 TD-LTE 网络综合考虑进行优化，将有助于提高网络的整体性能。

2. 性能特性

移动通信系统中，无线网络性能主要采用容量、性能和覆盖等指标来描述，三者之间相互影响和制约。LTE 系统中，三者的核心要素为吞吐量。例如，容量可以采用小区中多个用户的总吞吐量来界定，性能可以使用单用户峰值吞吐量来表征，覆盖则需要根据边缘吞吐量来进行分析和优化。因此，进行 LTE 网络性能优化时，需要围绕吞吐量这一关键指标，通过无线环境优化、参数优化、信令分析等手段来改善网络性能，提升用户感知。

（1）峰值吞吐量

理想条件下，单用户所能达到的最大数据速率称为系统峰值吞吐量。峰值吞吐量受小区信道参数配置、系统负荷、终端级别、MIMO 模式等因素的影响。

LTE 系统中，可以采用开销分析法来计算物理层吞吐量，但是这种计算方法中，缺乏对无线环境的考虑，因此不够精确。实际测试中，eNodeB 需要根据 MS 上报的 CQI 信息来确定可用 MCS，并结合可用 PRB 数目来查询所对应的 TBS（即传输块大小），因此以此为基础计算峰值吞吐量。

假设系统带宽为 20MHz，可用 PRB 数为 100，如果系统采用最大 MCS 索引 28，则其对应的 TBS 索引为 26，如表 9-1 所示。

表 9-1　　　　　　　　　　MCS 与调制阶数以及 TBS 之间的关系

MCS 索引	调制阶数	TBS 索引
0	2	0
1	2	1
……	……	……
27	6	25
28	6	26
29	2	保留
30	4	
31	6	

参看表 9-2，TBS 索引号为 26 时，100 个 PRB 所对应的 TBS 为 75 376，即 1 个 TTI 中（即 1ms）传输 75 376bit，则单流传输时，可获取的吞吐量为 75 376bit/1ms=75.376Mbit/s。采用双流传输时，所对应的 TBS 为 149 776，故可以获得的吞吐量为 149.7 Mbit/s。

表 9-2　　　　　　　　　　　传输块大小

I_{TBS}	N_{PRB}									
	91	92	93	94	95	96	97	98	99	100
25	57336	59256	59256	59256	61664	61664	61664	61664	63776	63776
26	66592	68808	68808	68808	71112	71112	71112	73712	73712	75376

计算峰值吞吐量时，还需要考虑终端特性，如果终端不能支持最大 TBS，则上下行峰值吞吐量会受到限制。如表 9-3 所示，Cat2 终端所支持的最大 TBS 为 51 024，故采用双流

传送时，下行峰值吞吐量只能达到 102Mbit/s。

表 9-3   LTE 终端特性

UE 类别 (Category)	一个 DL-SCH TTI 内，UE 在 2 个 TB 上能够接收的 DL-SCH 传输块的最大比特数	一个 DL-SCH TTI 内，UE 在单个 TB 上所能够接收的 DL-SCH 传输块的最大比特数	一个 UL-SCH TTI 内，UE 所能够发送的 DL-SCH 传输块的最大比特数	上行是否支持 64QAM
类别 1	10296	10296	5160	No
类别 2	51024	51024	25456	No
类别 3	102048	75376	51024	No
类别 4	150752	75376	51024	No
类别 5	299552	149776	75376	Yes

需要注意的是，进行 TBS 和 PRB 选择时，还需要考虑有效码率的限制。有效码率为下行信息比特数（包括 CRC 比特）除以 PDSCH 物理信道比特数。根据 3GPP TS36.213 的规定，如果下行有效码率超过 0.930，则 UE 在初始传送时，可以忽略对传输块的解码。例如，PDCCH 符号数目配置为 3 时，物理层开销增加，有效码率可能会超过 0.93，从而需要降低 MCS 或者 PRB 数目来获取合适的 TBS 大小，从而对峰值吞吐量产生影响，如表 9-4 所示。

表 9-4   *CFI*=3 配置下的峰值吞吐量

LTE FDD，2x2 MIMO，*ECR*<0.93	CFI 值	1.4MHz	3MHz	5MHz	10MHz	20MHz
DL 峰值吞吐量(Mbit/s)	1	6.6	19.5	33.7	70.2	146.5
	3	5.2	16.8	29.1	60.6	124

（2）小区吞吐量

LTE 系统中，由于不同业务类型的带宽需求差异较大，且不同无线环境和 QoS 要求下，同一业务类型的吞吐量差异也较大，因此，采用小区内业务总体吞吐量来描述信道容量更为准确和直观。小区容量受带宽、邻区负荷、MIMO 模式、站间距以及调度方式等因素的影响。

NGMN 对多用户吞吐量进行过模拟评估，其模拟条件为：

① 城区环境（有限干扰）；

② 站间距 500m；

③ UE 移动速度：3km/h；

④ 2GHz 链路损耗模型：$L=I+37.6*\log(R)$, R 表示公里 kilometers(km)，2 GHz 下，I=128.1 dB

⑤ 多径模型：SCME (urban macro, high spread)；

⑥ eNodeB 天线类型：交叉极化。

不同终端类别（Cat）下的仿真结果为：上行方向上，闲时（单用户）峰值吞吐量约为忙时（多用户）平均吞吐量的 2～3 倍；下行方向上，闲时（单用户）下行峰值吞吐量约为忙时（多用户）平均吞吐量的 4～6 倍。如表 9-5 所示。

表 9-5　　　　小区闲时峰值吞吐量和忙时平均吞吐量（NGMN 仿真结果）

场景		单小区吞吐量（Mbit/s）		单个基站吞吐量（Mbit/s）	
		均值	峰值	3 个小区的吞吐量	
		负荷无穷大	低负荷（95%置信区间）	忙时均值	峰值（95%置信区间）
下行	2×2,10MHz,Cat2(50MHz)	10.5	37.8	31.5	37.8
下行	2×2,10MHz,Cat3(100MHz)	11.0	58.5	33.0	58.5
下行	2×2,10MHz,Cat3(100MHz)	20.5	95.7	61.5	95.7
下行	2×2,10MHz,Cat4(150MHz)	21.0	117.7	63.0	117.7
下行	2×2,10MHz,Cat4(150MHz)	25.0	123.1	75.0	123.1
上行	1×2,10MHz,Cat3(50MHz)	8.0	20.8	24.0	20.8
上行	1×2,20MHz,Cat3(50MHz)	15.0	38.2	45.0	38.2
上行	1×2,20MHz,Cat5(75MHz)	16.0	47.8	48.0	47.8
上行	1×2,20MHz,Cat3(50MHz)	14.0	46.9	42.0	46.9
上行	1×4,20MHz,Cat3(50MHz)	26.0	46.2	78.0	46.2

（3）边缘吞吐量

3GPP 规定，小区边缘吞吐量定义为用户吞吐量累计分布 5%所对应的值，LTE 的设计目标为，上/下行边缘吞吐量是 R6 HSPA 的 2～3 倍。

小区边缘频谱效率是吞吐量最低的 5%用户的吞吐量总和与系统带宽之间的比值。小区边缘频谱效率的改善程度受调度和 QoS 机制的影响，小区边缘的用户的优先级越高，那么它们所获得的吞吐量越高，小区边缘频谱效率的改善程度也就越高。

3GPP 性能评估结果表明，500m 站间距下，每小区为 10 个 UE 且小区负荷为 100%时（即 PRB 全部占用）时，下行 4×2 MIMO 时，边缘频谱效率为 0.06bit/s/Hz/用户，为 UTRA 的 3 倍。上行 1×2 MIMO 时，边缘频谱效率为 0.024bit/s/Hz/用户，为 UTRA 的 2.5 倍。

采用 20MHz 带宽时，下行频谱效率为 0.06bit/s/Hz/用户意味着单用户的下行边缘吞吐量约为 1.2Mbit/s，下行频谱效率为 0.024bit/s/Hz/用户意味着单用户的下行边缘吞吐量约为 480kbit/s。网络建设初期，用户数较少，进行 LTE 网络规划时，采用 LTE 规范要求的下行～1Mbit/s 以及上行～512kbit/s 的边缘吞吐量，既能够满足 LTE 的基本需求，又可以借鉴实验室测试和模拟分析结果，加深对网络性能的分析和认识。后期网络运行过程中，边缘速率需要根据用户特点以及业务发展策略进行相应调整。

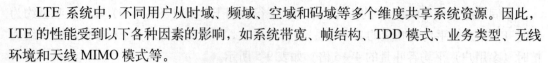

LTE 系统中，不同用户从时域、频域、空域和码域等多个维度共享系统资源。因此，LTE 的性能受到以下各种因素的影响，如系统带宽、帧结构、TDD 模式、业务类型、无线环境和天线 MIMO 模式等。

下列因素对 TD-LTE 性能会产生影响。

① 系统带宽。LTE 支持 1.4MHz～20MHz 之间的多种频带宽度，不同频带提供的子载波数以及无线资源块数不同，因而所能提供的总带宽有所区别。

② 控制信道开销。LTE 系统存在多种类型的控制信道，不同信道并销对容量的影响较大。因此，容量分析的首要工作就是了解各种开销对系统性能的影响。

③ 具体的业务类型。不同业务类型所需的 RB 数目、MCS 方式以及码率等会对 SINR 和接收灵敏度产生影响，从而影响到覆盖和容量。

④ 业务和系统的 QoS 需求。QoS 指标会影响到资源分配和调度方式以及业务的传送质量，因而容量与 QoS 密切相关。

⑤ 组网方式以及设备硬件处理能力。

⑥ MPR：不同 SINR 条件下，所能获得的编码方式和调制模式不同。MPR 即编码和调制方式的乘积。编码方式不同，传输块大小就有所区别；调制方式及其码率不同，每个符号所代表的比特数就有区别。因此，MPR 对系统容量会产生较大影响。

⑦ CP 类型。LTE 中有正常 CP 和扩展 CP 2 种类型，分别对应每帧 7 个 OFDM 符号和 6 个 OFDM 符号，它们提供的系统容量有所不同。

⑧ MIMO 模式。采用分集、复用以及波束赋形等 MIMO 模式，可以大大提升系统容量，因此，分析和研究 LTE 系统容量时，需要考虑所使用的 MIMO 模式。

⑨ 上/下行子帧配比。TD-LTE 中，上/下行子帧比例可以灵活设置，规范规定了两种上/下行转换点周期，支持从下行占比较大的 9:1 配置到上行占比较大的 2:3 配置方式，共 7 种不同的上/下行时间配比方式，不同配置下所支持的上/下行速率不同。

⑩ 特殊子帧配比。DwPTS 和 UpPTS 的长度可以配置，但是 DwPTS、UpPTS 和 GP 的总长度为 1ms。子帧 0、子帧 5 以及 DwPTS 只能用于下行传输。规范中针对 3 个特殊时隙的配置规定了 9 种方式，不同配置方式下，系统性能和容量都会有所不同。

3. 规划思路

良好的网络规划是保证网络性能的基本条件。LTE 系统中，邻区间存在干扰，因此邻区规划非常关键，而其中的 PCI 规划则是核心。下面予以详细论述。

(1) 邻区规划

在邻区规划中，如果邻小区过少会导致系统掉话较多，通信质量变差；如果邻区过多，将会使 UE 的测量的周期变大，影响测量精度，受 UE 测试能力的限制将影响切换成功率。

利用规划工具进行邻区规划时，一般考虑以下原则：

① 共站原则：强制共站小区为邻区；

② 邻近原则：强制相邻小区为邻区；

③ 互易性原则：强制邻区对称；

④ 百分比重叠覆盖原则；

⑤ 最大距离限制原则；

⑥ 最大邻区数限制原则；

⑦ 室内外小区协同规划原则。

室外站点邻区规划具体原则为：

① 同一个站点的不同小区必须相互设为邻区；

② 接下来的第 1 层相邻小区和第 2 层小区基于站点的覆盖选择邻区；

③ 当前扇区正对方向的两层小区可设为邻区，小区背对方向第 1 层可设为邻区。

室内邻区规划具体原则为：

① 室内站一层的小区与室外小区规划邻区，其他高层的小区只配置与同一建筑物的室内站点邻区，不配置室外邻区；

② 室内站点不与不同建筑物的室内站点规划邻区；

③ 同一建筑物的室内站群需互相规划邻区。

(2) PCI 规划

3GPP 在 R8 引入了 SON 技术。ANR（Automatic Neighbour Relation，自动邻区关系）是 SON 的重要特性之一，主要功能是可以在未规划邻区的情况下，通过终端测量上报来自动建立邻区。受限于终端和设备的发展，在 SON 技术成熟前，还需要人工来配置 eNodeB 的 X2 接口，配置 X2 接口先要进行邻区规划。而且邻区规划是 PCI 规划的基础。

PCI（Physical Cell Identifier，物理小区标识），也称为物理小区 ID。LTE 系统提供 504 个物理层小区 ID，与 TD-SCDMA 系统的 128 个扰码概念类似。网管配置时，为小区配置 0～503 之间的一个号码即可。PCI 直接决定了小区同步序列，并且多个物理信道的加扰方式也和 PCI 相关。如 PDSCH 的加扰序列的产生与物理小区 ID 是有关系的。而且，物理小区 ID 与小区专属参考信号的频域位置也是相关的。所以需要对相邻小区的 PCI 进行合理的规划以避免干扰。

3GPP 协议中，规定了 504 个唯一的物理层小区号（PCI），范围从 0～503。每个 PCI 对应一个独立的下行小区参考信号寻列。所有的这些 PCI 分为 168 个唯一的的物理层小区号组，其中每个组包含 3 个小区号。

PCI 号 $= (3 \times N_{ID1}) + N_{ID2}$

其中，N_{ID1}：PCI 组，范围是 0～167。

N_{ID2}：组内号，范围是 0～2。

PCI 与小区专属参考信号（CRS，Cell-specific Reference Signals）的产生，位置等都有着相关性，RS 根据每 6 个 PCI 进行重复分配。根据 LTE 系统的天线端口个数 RS 信号占用的 RE 位置不同，RS 影射图如图 9-1 所示。在使用两个天线端口（port0 和 port1）的情况下，小区专属参考信号包含了插入到每个时隙中的第 1 个和倒数第 3 个 OFDM 符号的所谓参考符号，带有 6 个子载波的频域间隔。每个资源块（RB）内的每个时隙包含了 12 个子载波，因此共有 4 个参考符号。在天线端口 2（port2）和天线端口 3（port3）上，port2 和 port3 发送的参考信号插入到每个时隙的第 2 个 OFDM 符号中，也有 6 个子载波的频域间隔。每个资源块（RB）内共有 2 个参考符号。

相邻小区的 PCI 相等、PCI 模 6 相等或者 PCI 模 3 相等，都会导致参考信号的位置重

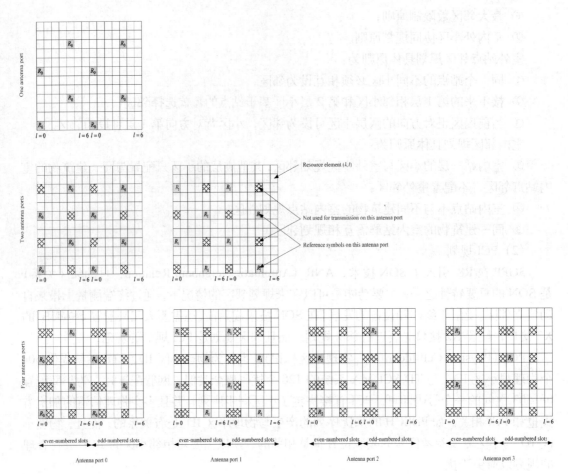

图 9-1 RS 影射图

叠，产生参考信号的小区间干扰，从而导致 SNR 的降低。如果相邻小区间避免 PCI 相等、PCI 模 6 相等或者 PCI 模 3 相等，那么它们的小区专属参考信号在频域上的位置将会错开，可以得到较好的 SNR。为了避免 UE 在同一时刻收到不同小区发来的相同 PCI，相同的 PCI 需要间隔得尽量远，对 RS 信号分配和物理信道分配有干扰的 PCI 也需要间隔尽量远，如图 9-2 所示。

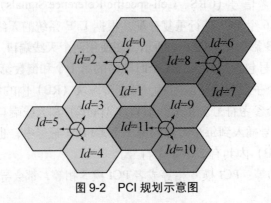

图 9-2 PCI 规划示意图

以下按照重要程度依次列出 PCI 分配的约束条件，如下所示。

① 避免相同 PCI 分配在相邻小区

② 避免 PCI 模 3 分配在相邻小区

③ 避免 PCI 模 6 分配在相邻小区

④ 避免 PCI 模 30 分配在相邻小区（用以避免上行干扰）

4. 优化目标

LTE 系统中，主要的优化目标如下。

（1）优化系统覆盖

通过天线调整，功率优化等手段，使系统覆盖区域内信号尽可能多地满足业务所需的最低电平需求，尽可能利用有限的功率实现最优的覆盖。

（2）控制切换带

通过调整切换参数，使切换带的分布趋于合理。对于 LTE 同频网络来说，切换带的参考电平太高，对其他小区的干扰会增加，从而提升全网干扰水平；切换带的参考电平太低，则容易产生掉话和呼叫失败。

（3）降低系统干扰

针对不同场景，通过功率控制或者干扰控制等手段和参数优化工作，降低同频网络中的干扰，提升网络容量和服务质量。

9.2　TD-LTE 关键性能指标

了解无线侧关键性能指标是网络优化工作的重要一步。LTE 系统中，关键性能指标可以从覆盖、呼叫建立、呼叫保持、移动性和自管管理等方面予以归类，如下所述。

9.2.1　覆盖类指标

覆盖类指标主要用于评估无线网络覆盖，包括接收信号强度 RSRP、信号接收质量 RSRQ。这类指标通常难以从 OMC 上予以获取，因此需要通过路测或者测量报告分析等手段来获取。

1. RSRP

RSRP 是衡量系统无线网络覆盖的重要指标。RSRP 表示接收信号强度的绝对值，一定程度上可反映移动台距离基站的远近，因此这个 *KPI* 值可以用来度量小区覆盖范围大小。RSRP 是承载小区参考信号 RE 上的线性平均功率。

2. SINR

SINR 是网络中的干扰指标。SINR 值是有用信号（通常指参考信号）和干扰信号以及噪声的比值，不仅反映了地形、地貌对小区覆盖的影响，同时也反映了其他小区对服务小区产生的干扰情况，会随周围小区业务信道的负荷产生较大的变化。

3. 覆盖率

无线网络的覆盖率，反映了网络的可用性，如果某一区域接收信号功率超过某一门限同时信号质量超过某一门限，则表示该区域被覆盖。

9.2.2 呼叫建立类指标

呼叫成功率是反映 LTE 系统性能最重要的指标之一，也是运营商十分关注的指标。一个完整的呼叫过程包含 RRC 连接建立、业务请求、E-RAB 建立等步骤，E-RAB 指派成功后，UE 即可以开始进行数据业务，如浏览网页、ftp 下载等。因此，呼叫接通率涉及多个方面，如寻呼成功率、RRC 连接建立成功率和 E-RAB 指配建立成功率。

1. RRC 连接建立成功率

RRC 连接建立成功意味着 UE 与网络建立了信令连接，因此可以反映 eNodeB 或者小区的 UE 接纳能力。RRC 连接建立可以分两种情况：一种是与业务相关的 RRC 连接建立；另一种是与业务无关（如紧急呼叫、系统间小区重选、注册等）的 RRC 连接建立。前者是衡量呼叫接通率的一个重要指标，后者可用于考察系统负荷情况。

RRC 连接建立成功率用 RRC 连接建立成功次数和 RRC 连接建立尝试次数的比来表示，对应的信令分别为：eNodeB 收到的 RRC CONNECTION SETUP COMPLETE 次数和 eNodeB 收到的 RRC CONNECTION REQ 次数。该指标可以按不同业务类型或者信令特性分别进行统计。

2. E-RAB 建立成功率

E-RAB 是指用户平面的承载，用于 UE 和 CN 之间传送语音、数据及多媒体业务。E-RAB 建立由 CN 发起。当 E-RAB 建立成功以后，一个基本业务即建立，UE 进入业务使用过程。

E-RAB 建立成功率指 eNodeB 成功为 UE 分配了用户平面的连接，反映 eNodeB 或小区接纳业务的能力，可用于考虑系统负荷情况。

E-RAB 建立成功率采用 E-RAB 指派建立尝试次数和 E-RAB 指派建立成功响应次数之间的比值表示。

9.2.3 呼叫保持类指标

1. RRC 连接异常掉话率

对处于 RRC 连接状态的用户，存在由于 eNodeB 异常释放 UE RRC 连接的情况，这种概率表示基站 RRC 连接保持性能，一定程度上反映用户对网络的感受。

2. E-RAB 掉话率

反映系统的通信保持能力，是用户直接感受的重要性能指标之一。

eNodeB 由于某些异常原因会向 CN 发起 E-RAB 释放请求，请求释放一个或多个无线接入承载（E-RAB）。当 UE 丢失、不激活、或者 eNodeB 异常原因，eNodeB 会向 CN 发起 UE 上下文释放请求，这也会导致释放 UE 已建立的所有 E-RAB。

9.2.4 移动性管理类指标

1. eNodeB 内切换成功率

反映了 eNodeB 内小区间切换的成功情况，与系统切换处理能力和网络规划有关，需要考虑同频和异频两种情况。

2. X2 口切换成功率

反映了与其他 eNodeB 存在 X2 连接的情况下，UE 在基站间的切换成功情况。X2 接口切换包含同频切换和异频切换两种情况，对于每种情况，需要统计切换出和切换入两个指标。

3. S1 口切换成功率

当 eNodeB 根据 UE 测量上报决定 UE 要切换，且目标小区与 eNodeB 无 X2 连接时，就进行通过核心网的 S1 切换。S1 切换成功率反映了 eNodeB 与其他 eNodeB 通过核心网参与的 UE 切换成功情况，S1 口切换包含同频切换和异频切换两种情况，对于每种情况，需要统计切换出和切换入两个指标。

4. 系统间切换成功率（LTE<->TD-LTE）

反映了 LTE 系统与 TD-LTE 系统之间切换的成功情况，对于网规网优有重要的参考价值，也是用户直接感受的性能指标，表征了无线系统网络间切换（LTE<→ TD-LTE）的稳定性和可靠性，也一定程度反映出 LTE/ TD-LTE 组网的无线覆盖情况。系统间切换针对 LTE 网络来说，分为切换出成功率和切换入成功率。

9.2.5　系统资源类指标

1. S1 接口流量

反映 S1 接口的系统负荷情况。S1 接口流量统计的是 S1 接口传输层 IP 层流量。由于上下行的数据流量可能不对称，因此 S1 接口流量分为两个指标：S1 接口上行流量和 S1 接口下行流量。

2. X2 接口流量

反映 X2 接口的系统负荷情况。X2 接口流量统计的是 X2 接口传输层 IP 层流量。由于上下行的数据流量可能不对称，因此 S1 接口流量分为两个指标：X2 接口上行流量和 X2 接口下行流量。此处上下行是针对 eNodeB 而言的。

9.3　TD-LTE 优化思路

TD-LTE 优化工作包含覆盖优化、容量优化以及参数优化等多个方面的内容，具体描述如下。

9.3.1　覆盖优化

TD-LTE 覆盖方面的特性表现在以下几个方面。

（1）目标业务为一定速率的数据业务，确定合理目标速率是覆盖规划的基础。

在 TD-LTE 中，不存在电路域（CS）业务，只有分组域（PS）业务。不同 PS 数据速率的覆盖能力不同，在覆盖规划时，要首先确定边缘用户的数据速率目标，如 500 kbit/s、1Mbit/s、2Mbit/s 等，不同的目标数据速率的解调门限不同，导致小区覆盖半径也不同，因此确定合理的目标速率是覆盖规划的基础。

（2）LTE 资源调度更复杂，覆盖特性和资源分配紧密相关。

TD-LTE 网络可以灵活地选择用户使用的 RB 资源和调制编码方式进行组合，以应对不同的覆盖环境和规划需求。在实际网络中，用户速率和 MCS 及占用的 RB 数量相关，而MCS 取决于 SINR 值，RB 占用数量会影响 SINR 值，所以 MCS、占用 RB 数量、SINR 值和用户速率四者之间会相互影响，导致 LTE 网络调度算法比较复杂。在进行覆盖规划时，很难模拟实际网络这种复杂的调度算法，因此如何合理确定 RB 资源、调制编码方式，使其选择更符合实际网络状况是覆盖规划的一个难点。

（3）传输模式及天线类型选择影响覆盖规划。

多天线技术是 LTE 最重要的关键技术之一，引入多天线技术后 LTE 网络存在多种传输模式（目前有 8 种传输方式）和多种天线类型（基站侧存在 2 天线和 8 天线等多种类型），选择哪种传输模式和天线类型对覆盖性能影响较大。

（4）小区间干扰影响 TD-LTE 覆盖性能。

TD-LTE 系统引入了 OFDMA 技术，由于不同用户间子载波频率正交，使得同一小区内不同用户间的干扰几乎可以忽略，但 TD-LTE 系统小区间的同频干扰依然存在，随着网络负荷增加，小区间干扰水平也会增加，使得用户 SINR 值下降，传输速率也会相应降低，呈现一定的呼吸效应。另外，不同的干扰消除技术会产生不同的小区间业务信道干扰抑制效果，这也会影响 TD-LTE 边缘覆盖效果。因此，如何评估小区间干扰抬升水平，也是TD-LTE 网络覆盖规划的一个难点。

TD-LTE 覆盖优化的关键为：LTE 中，RSRP 是信号强度的衡量指标，由于 TD-LTE 采用同频组网，因此同频干扰将是影响系统性能的首要因素，采用 SINR 来考察 TD-LTE 网络覆盖尤为重要。SINR 值与小区方向角、下倾角、物理小区号(PCI)的规划以及天馈连接质量等多种因素有关。如果 RSRP 和 SINR 都比预期差，则应依次检查小区发射功率设置是否正确、周围无线环境（比如高楼阻挡）是否比较恶劣、小区下倾角是否正确、馈线连接是否有问题。如果 RSRP 正常而 SINR 较差，则应检查周围小区的 PCI 设置是否正确、周围小区的 RSRP 是否过强导致过覆盖。

9.3.2　容量优化

对于数据业务来说，衡量小区容量的指标为小区服务用户数以及总体吞吐量。小区吞吐量受用户所在位置以及用户数的限制。比如，小区中用户容量增加时，调度器会根据每个用户的链路状况来为用户分配频域资源，因此有助于提高小区容量。但是对于不同位置上的用户，如果系统中采用等比例公平 PF 调度方法，则有利于提升边缘用户的吞吐量，但是小区吞吐量则会受到影响。如果 UE 所处的无线环境极好，且业务速率要求较高，则调度器有可能为用户分配所有 PRB 资源，从而小区吞吐量与峰值吞吐量相当。但是实际情况中，由于负荷和干扰的影响，小区的容量远小于理论峰值吞吐量。

TD-LTE 系统的容量由很多因素决定，首先是固定的配置和算法的性能，包括单扇区频点带宽、时隙配置方式、天线技术、频率使用方式、小区间干扰消除技术、资源调度算法等；其次，实际网络整体的信道环境和链路质量会影响 TD－LTE 网络的资源分配和调制编码方式选择，因此网络结构对 TD-LTE 的容量也有着至关重要的影响。

（1）单扇区频点带宽：TD-LTE 支持 1.4 MHz、3 MHz、5 MHz、10 MHz、15 MHz、

20 MHz 带宽的灵活配置，显然采用更大的带宽，网络可用资源将更多，系统容量也将越大。

（2）时隙配置方式：TD-LTE 采取 TDD（时分双工）的双工方式，可以根据某地区上下行业务的不同比例，灵活配置上下行时隙配比，目前协议中定义了 7 种上下行时隙配置方式，这 7 种时隙配置方式中的特殊时隙又有 9 种方式可以选择，而选择不同的配置方式，其上下行吞吐量将会有明显的差异。

（3）特殊子帧配比：为了节省网络开销，TD-LTE 允许利用特殊时隙 DwPTS 和 UpPTS 传输系统控制信息。LTE-FDD 中用普通数据子帧传输上行 sounding 导频，而 TDD 系统中，上行 sounding 导频可以在 UpPTS 上发送。另外，DwPTS 也可用于传输 PCFICH、PDCCH、PHICH、PDSCH 和 P-SCH 等控制信道和控制信息。其中，DwPTS 时隙中下行控制信道的最大长度为两个符号，且主同步信道固定位于 DwPTS 的第 3 个符号。

（4）控制信道开销。除了 TD-LTE 系统本身的配置和算法外，系统所承载的具体的业务类型、组网方式不同所带来的信道环境和链路质量、以及不同的 eNodeB 硬件处理能力对 TD-LTE 的容量也有着至关重要的影响；开销的种类包括 CP 开销和下行链路控制信道开销。

（5）天线技术：TD-LTE 采用了多天线技术，使得网络可以根据实际网络需要以及天线资源，实现单流分集、多流复用、复用与分集自适应、单流波束赋形、多流波束赋性等，这些技术的使用场景不同，但是都能会在一定程度上影响用户容量。

（6）频率使用方式：目前分析显示 TD-LTE 网络可以同频组网，但单小区配置相同带宽的同频组网系统的容量性能会差于异频组网系统，因此，在实际运营时，应综合考虑频率资源情况、容量需求等因素确定频率使用方式。

（7）小区间干扰消除技术：TD-LTE 系统由于 OFDMA 的特性，系统内的干扰主要来自于同频的其他小区。这些同频干扰将降低用户的信噪比，从而影响用户容量，因此，干扰消除技术的效果将会影响系统整体容量及小区边缘用户速率。

（8）资源调度算法：TD-LTE 采用自适应调制编码方式，使得网络能够根据信道质量的实时检测反馈，动态调整用户数据的编码方式以及占用的资源，从系统上做到性能最优。因此，TD-LTE 整体容量性能和资源调度算法的好坏密切相关，好的资源调度算法可以明显提升系统容量及用户速率。

（9）网络结构：TD-LTE 的用户吞吐量取决于用户所处环境的无线信道质量，小区吞吐量取决于小区整体的信道环境，而小区整体信道环境最关键影响因素是网络结构及小区覆盖半径。在 TD-LTE 规划时应比 2G/3G 系统更加关注网络结构，严格按照站距原则选择站址，避免选择高站及偏离蜂窝结构较大的站点。

（10）所使用的业务类型。

以上因素中，特定测试条件下，外部干扰和 UE 的无线链路状况基本上只受邻区加扰的影响，与参数的关系不大。而每个 TTI 中上/下行所调度的 UE 的数目、上行 PUCCH 所使用 PRB 数目等则直接受参数的控制。

9.3.3　参数优化

基站参数设置是另外一个影响空口的因素，因此核查和优化这些参数是无线网络优化的重要组成部分，可作为基本 RF 优化的一种补充，需要注意的是，在进行参数调整前需要先确保较好的无线覆盖。

对于 TD-LTE 优化来说，参数优化通常涉及以下几个方面：随机接入、无线准入控制、移动性管理、MIMO 模式控制、上/下行调度以及功率控制等方面。部分关键参数举例说明如下。

1. 上下行子帧配比

协议中名称：subframeAssignment。

所在协议：3GPP TS 36.331，36.211[Table 4.2.2]。

功能描述：指示下/上行子帧配比。

影响范围：小区。

取值范围：sa0（DSUUUDSUUU）、sa1（DSUUDDSUUD）、sa2（DSUDDDSUDD）、sa3（DSUUUDDDDD）、sa4（DSUUDDDDDD）、sa5（DSUDDDDDDD）、sa6（DSUUUDSUUU）。

参数单位：无。

优化建议：影响上/下行数据吞吐量。

2. 特殊子帧配比

协议中名称：specialSubframePatterns。

所在协议：3GPP TS 36.331，36.211[Table 4.2.1]。

功能描述：指示特殊子帧配置。

影响范围：小区。

取值范围：ssp0(DwPTS:GP:UpPTS=3:10:1)、ssp1(9:4:1)、ssp2(10:3:1)、ssp3(11:2:1)、ssp4(12:1:1)、ssp5(3:9:2)、ssp6(9:3:2)、ssp7(10:2:2)、ssp8(11:1:2)。

参数单位：无。

优化建议：影响上/下行数据吞吐量。

3. 部分路损补偿系数

协议中名称：alpha。

所在协议：3GPP TS 36.331，36.213。

所属消息：SIB2。

功能描述：部分路损补偿因子，主要与 Po_pusch_nominal 配合，达到扇区吞吐量与边缘速率的最佳折中。

影响范围：小区。

取值范围：al0（0）、al04（0.4）、al05（0.5）、al06（0.6）、al07（0.7）、al08（0.8）、al09（0.9）、al1（1）。

参数单位：无。

优化建议：如果需要保证系统的平均吞吐量，将 α 设置得相对较小；如果需要保证系统的边缘速率，将 α 设置得相对较大。

其他说明：SIB2 radioResourceConfigCommon IE 中 uplinkPowerControlCommon，建议在 0.7、0.8、1 之间取值，TS 36.213，5.1.1.1。

4. 小区重选优先级

协议中名称：cellReselectionPriority。

所在协议：3GPP TS 36.331。

计算公式：无。

功能描述：广播服务小区的重选优先级，与异频优先级进行比较，不同的优先级采取不同的重选判决准则。

影响范围：小区。

取值范围：(0～7)。

参数单位：无。

优化建议：配置 LTE 系统为最高优先级。

5. CQI/PMI 上报周期

协议中名称：cqi-pmi-ConfigIndex。

所在协议：3GPP TS 36.331，36，213。

计算公式：无。

功能描述：表示了 CQI/PMI 的上报周期及其子帧偏移索引。

影响范围：UE。

取值范围：0～1023。

参数单位：无。

优化建议：6-15,对应周期为 10ms。

6. 定时器 300

协议中名称：T300。

所在协议：3GPP TS 36.331。

功能描述：启动：UE 在发送 RRC ConnectionRequest 时启动此定时器。

关闭：定时器超时前，收到 RRC ConnectionSetup 或者 RRC ConnectionReject 后关闭此定时器。

超时：定时器超时后，UE 直接进入 RRC_IDLE 态。

影响范围：小区。

取值范围：ms100、ms200、ms300、ms400、ms600、ms1000、ms1500、ms2000。

参数单位：ms。

优化建议：建议值为 200ms。

9.3.4　信令分析

信令分析是无线网络优化中的一种重要手段。通过分析异常信令流程中的关键点，可以确定无线环境问题、无线资源管理问题以及用户问题等，便于发现和解决问题。举例如下。

1. RRC 连接建立失败

RRC 连接建立过程中，如果 eNodeB 拒绝为 UE 建立 RRC 连接，则通过 DL_CCCH 在 SRB0 上回复一条 RRC 连接拒绝消息，如图 9-3 所示。如果是 ESM 过程导致的拒绝（比如默认承载建立失败），才会带 PDN connectivity reject 消息；MME 层拒绝，只有 Attach Reject

消息。常见的拒绝原因有：IMSI 中的 MNC 与核心网配置的不一致。

另外，还可以通过 T300 定时器来控制 RRC 连接请求与 RRC 连接建立之间的时序关系。这可能是由于系统资源不足，无法接入新用户造成的，需要进行准入相关的性能分析工作。

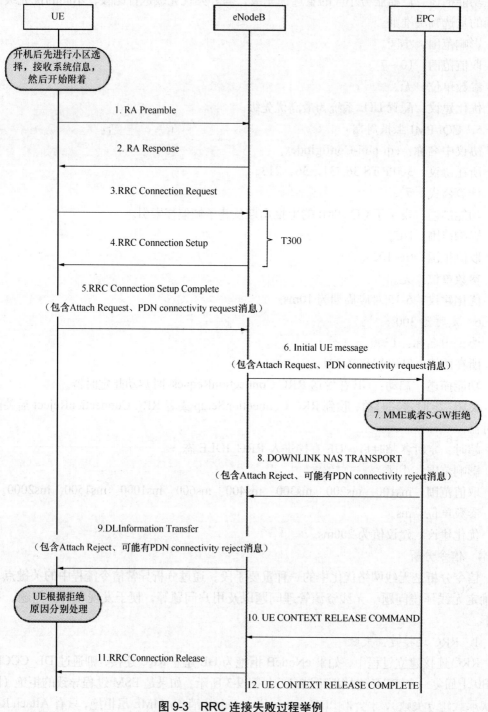

图 9-3   RRC 连接失败过程举例

2. eNodeB 建立专用承载失败

当 attach 成功，建立一个专用承载后，如果 RRC 连接释放进入了 Idle，下次 UE 发起数据时会发起 service request，该过程会为默认承载和专用承载建立对应的 DRB 等参数。如果 eNodeB 建立专用承载失败，则回复给核心网 Initial context setup response，其中携带失败列表，告知核心网专用承载建立失败，核心网会本地去激活该专用承载；同时 RRC Connection Reconfiguration 消息也不会带该专用承载的 DRB，UE 收到后发现该专用承载对应的 DRB 没有建立起来，也会本地去激活该承载，这样 UE 和核心网承载保持一致。

9.3.5　优化思路总结

根据上述分析结果可知，吞吐量受多种因素的影响，从而制约了容量、性能和覆盖等性能指标。因此，为了保证用户感知，提升网络性能，就需要综合多种手段提升吞吐量指标，保证小区总吞吐量与边缘吞吐量之间的均衡性。具体方法包括：

① 优化无线网络，提升网络覆盖，保证较高的 RSRP；

② 综合利用功率控制、干扰控制等手段，降低小区间干扰，提升网络整体 SINR；

③ 采用 MCS 自适应算法，保证系统资源的高效利用；

④ 采用 MIMO 自适应机制，提升中心用户的吞吐量，保证边缘用户的性能可靠性；

⑤ 采用灵活的调度算法，保证边缘吞吐量和小区总吞吐量之间的均衡。

LTE 网络优化是一个动态、渐进的过程，只有了解了网络性能影响因素，才能更好地进行网络建设、规划和优化等工作。面向吞吐量进行分析和优化，对吞吐量的各种因素进行综合分析和优化，将是未来 LTE 网络优化的重要工作之一，也是打造优质 LTE 网络的必要条件。

9.3.6　SON 在未来 TD-LTE 优化中的应用

网络实施的不同阶段如规划、部署、优化和排障等阶段都需要 SON 功能。3GPP 协议中对 SON 功能进行了具体定义。R8 版本中，定义了配置和优化相关的一些内容，在 R9 版本中又对优化功能提出了更多要求。其主要功能为自动配置、自动优化、自动排障等，如表 9-6 所示。

表 9-6　　　　　　　　　　　　　SON 的主要功能

自动配置	即插即用：自动建立、配置、物理小区号、X2 和 S1 接口自动连接、自动邻区关联
自动优化	自动调节：覆盖和容量优化、节能、移动强壮性、负荷均衡、RACH、小区间干扰协调
自动排障	自动修复：软硬件故障排除、小区故障检测和排除、告警自动响应

3GPP 不同版本中所规定的 SON 功能对比如表 9-7 所示。

SON 可以完成部分典型的预规划配置工作，例如，为网络单元确定邻区列表，为新入网小区分配物理小区号和 RF 参数等。但是在 LTE 的初始阶段，网络规划的一些关键部分，如 IP 地址策略和初始 QoS 设置等，仍然需要通过网络规划工作来完成。

在网元投入工作状态时，自动配置工作协助完成网络规划和设备部署等工作，目的是减少运维成本。比如，通过自动连接和配置过程，完成新 eNodeB 的入网工作，并自动配置 S1 接口和邻区间的 S2 接口。

表 9-7　　　　　　　　　不同版本下的 SON 功能对比

R8 版本	R9 版本	R10 版本
eNB 自动配置 - S1, X2 接口 - 自动邻区关联 - 自动物理小区号设定 自动优化 … - 基本移动幸负荷均衡 多厂商 SON 互连	覆盖和容量优化 移动负荷均衡 移动强壮性优化 RACH 优化 ……	干扰降低 小区间干扰协调 覆盖和容量优化（如中继） 移动强壮性优化 节能 中继的控制和资源优化

　　自动优化是指借助 UE 和 eNodeB 测量信息对 eNodeB 本身和（或）网络管理层进行自动优化工作。自动优化是在设备工作期间动态进行的，以便移动系统动态适应网络状况以及无线环境的变化，同时由于手动优化过程的减少，也使得优化代价进一步降低。

　　自愈功能是指自动检测故障，进行根源分析、定位和处理等工作。可以大大减少故障检测和处理所需的优化人员。此外，具备多设备商间的故障处理能力，可以将需要进一步分析和调查的问题隔离出来，从而便于解决问题。

9.4　TD-LTE 优化案例

9.4.1　PCI 冲突产生干扰

【现象描述】

　　在优化过程中我们发现在滕王阁站点和福连酒店站点之间的 RSRP 非常得好，但是 SINR 很差，虽然经过调整天线俯仰角和方位角，部分区域得到改善，但是根本问题还是存在，PCI148 和 PCI154 交界区域的 SINR 很差，见图 9-4。

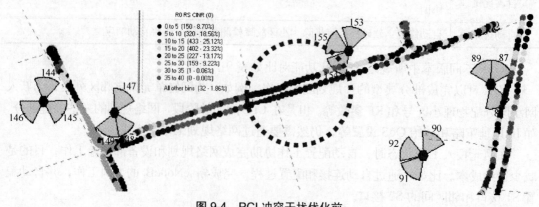

图 9-4　PCI 冲突干扰优化前

【优化措施】

优化过程中，我们通过调整天线俯仰角/方位角等方法和措施，都不能改变该区域 SINR 的状况，后来判断 PCI154 与 PCI148 之间存在模 3 冲突，故将 eNodeB 侧的 PCI148 和 PCI147 相互更换，其后 SINR 变得非常好，部分区域达到 30 以上，复测判定问题解决，如图 9-5 所示。

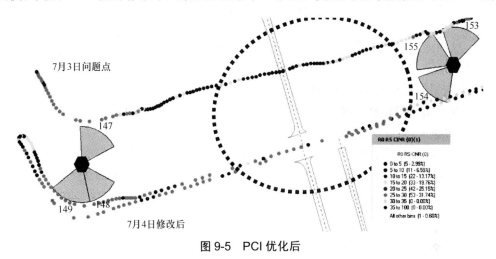

图 9-5　PCI 优化后

9.4.2　T300超时导致接入失败

【现象描述】

测试区拉网测试过程中，发现某站存在大量 T300 超时而无法接入切换问题，如图 9-6 所示。

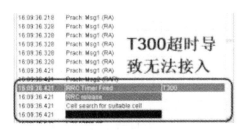

图 9-6　T300 超时

【问题分析】

通常如下问题可能导致 T300 超时而引起的无法接入，如 UE 所处位置信道质量较差，基站校准失步，LTE 基站内互相干扰以及外部干扰等。由于问题点分布在小区从中心到边缘的各个位置，即使在 RSRP < -90dBm，SINR >20dB 的区域依然存在，故基本能够排除因 UE 信道质量差的问题。对于干扰而言，可能是外部干扰，也可能是内部干扰。外部干扰也会导致类似问题，但 TD-LTE 上下行采用同一带宽，正常情况下不会出现只干扰上行不干扰下行的情况，且干扰水平必须很高（IOT>30dB），方可能导致 UE 无法接入情况。

首先进行了外部干扰清频，通过扫频发现外场没有扫到外部干扰；其次进行了内部干扰核查，通过对片区 24 个基站配置文件核查，发现主测基站出现严重问题，整个基站配置成为 3:1 模式，同周边其余基站 2:2 配置不同。具体原因如图 9-7 所示。

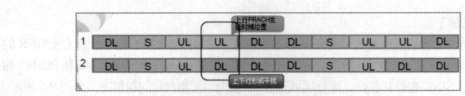

图 9-7　上/下行形成干扰

全网默认配置为帧配置 1，干扰基站误配置为帧结构 2。可见，干扰基站配置 2 下行干扰到了其余基站的上行 PRACH 发送位置。

【优化效果】修改后复测一切正常，问题未再出现。

9.4.3　PCI 冲突导致切换掉线

【现象描述】

UE 主测小区（PCI：108）下进行 FTP 下载测试，当尝试切换到邻区（PCI：63）小区时，出现切换失败或是切换完成后掉线。掉线区域 RSRP 正常（-80dBm）但 SINR 较差（-8 dBm 左右）。

【问题分析】

（1）此处无线环境 RSRP 相对较好，SINR 较差，初步判断是小区间干扰导致掉线。

（2）SINR 值差区域在主测小区（PCI=108）和邻区小区（PCI=63）切换带上，两小区 PCI 的 mod3 余数均为 0。故主测小区和邻区下，主同步信号的加扰方式相同，造成切换时 SINR 较差，同步建立困难，发生切换失败和掉线问题。

【优化措施】修改 PCI，避免模 3/6/30 冲突，问题解决。

参考文献

[1] 陈宇恒，肖竹，王洪．LTE 协议栈与信令分析．北京：人民邮电出版社，2013．

[2] 赵训威，林辉，张明．3GPP 长期演进（LTE）系统架构与技术规范．北京：人民邮电出版社，2010．

[3] 王映民，孙韶辉．TD-LTE 技术原理与系统设计．北京：人民邮电出版社，2010．

[4] 高峰，高泽华，丰雷．TD-LTE 技术标准与实践．北京：人民邮电出版社，2011．

[5] 于伟峰．TD-SCDMA/HSPA 无线网络优化原理与实践．北京：电子工业出版社，2011．

[6] 李世鹤，杨运年．TD-SCDMA 第三代移动通信系统．北京：人民邮电出版社，2009．

[7] 王忠勇．TD-SCDMA 射频电路设计．北京：人民邮电出版社，2009．

[8] 万斌，高峰，李率信．TD-SCDMA 无线网络评估与优化．北京：人民邮电出版社，2009．